약이 되는 한식 · 내경 편

식탁 위의 동의보감

❶ 노화방지 · 정력 강화를 위한 음식 레시피

약이 되는 한식 · 내경 편

식탁 위의 동의보감

❶ 노화방지 · 정력 강화를 위한 음식 레시피

김상보
최정은
조미순
이주희
이미영
김순희
이지선
지음

WISE BOOK
와이즈북

차
례

질병 없이 평생 건강을 지키는 장수 음식

2부

노화 방지, 정력 강화에 좋은 음식

기를 통하게 하고 면역력을 높이는 음식

4부

마음을 다스리고 편안하게 하는 음식

동의보감의
양생법을
음식에
담다

이 책은 나와 함께 오랫동안 『동의보감』을 공부하면서 음식에 접목하는 연구를 해온 최정은, 조미순, 이주희, 이미영, 김순희, 이지선 등 여섯 제자들이 『동의보감』에 기초한 한식의 개발 가능성을 모색한 결과물이다. 허준이 살았던 500년 전의 양생법을 현대인들이 쉽게 활용할 수 있는 음식으로 재현해보자는 뜻을 모았다. 『동의보감』에 나오는 수많은 약재들은 병을 치료하는 약으로 쓰이기도 했지만 건강한 식재료이기도 했다. 약재와 식재료의 구별은 사실상 없었다. 우리는 이들 식재료를 활용하여 병을 예방하고 몸을 치유하는 일상식으로 개발해보고자 했다.

『동의보감』의 '동의(東醫)'란 동쪽 즉 '조선의 의학'을 뜻하며 '보감(寶鑑)'이란 '모범이 될 만한 귀한 책'이란 뜻이니 '조선의 모범이 될 만한 의서'로 풀이할 수 있다.

1596년 선조는 병에 걸린 백성들의 치료에 도움이 될 만한 의서를 쓰라고 허준에게 명했다. 허준은 양예수, 김예남, 이명원 등 내의원 의원·문인들과 함께 의서 편찬에 심혈을 기울였다. 이렇게 해서 15년 만에 완성된 『동의보감』은 중국을 중심으로 동아시아에서 오랫동안 축적되어 온 의학 이론을 집대성한 의서이다. 방대한 임상 경험과 이론을 담은 『동의보감』은 5편, 총 25권으로 구성되어 있다.

내경(內景)
외형(外形)
잡병(雜病)
탕액(湯液)
침구(鍼灸)

내경 편에는 내과에 속하는 병증과 치료 방법이 수록되어 있는데, 여기서 인간과 의학에 대한 허준의 통찰이 드러난다. 외형 편에는 외과, 안과, 이비인후과, 피부과, 비뇨기과에 속하는 병증과 치료 방법이 담겨 있으며, 잡병 편에는 대증 요법, 구급법, 전염병, 부인과, 소아과에 속하는 병증과 치료 방법이, 탕액 편에는 약물 1천여 종에 대한 효능, 채취 등 임상약물학 분야가, 침구 편에는 경혈 부위와 침구 요법이 담겨 있다. 병을 음식으로 다스리는 방법은 내경, 외형, 잡병 편에서 접할 수 있다.

『동의보감』은 의학서이지만 실생활에서 활용할 수 있는 민간요법서와 식이요법서의 성격을 띠고 있다. 주목할 만한 점은 병을 음식으로 다스리는 방법을 자세하게 소개한 것이다. 평상시 생활 습관과 예방적 차원의 건강 관리법도 담고 있다. 예방의학에 대한 비범한 인식이 드러난 세계 최초의 의학 서적으로 질병 치료라는 전통적인 의료 개념에서 더 나아가 마음과 몸을 다스리는 양생론을 담은 뛰어난 의서이다. 약재도 중국에서 생산되는 약재가 아닌 우리나라 토종 약재를 권장하였고, 약재 이름을 백성들이 편하게 부를 수 있도록 한글로 표기하여 쉽게 접근할 수 있게 한 점도 주목할 만하다.

이 책은 『동의보감』의 방대한 내용 중 단방(單方)에 집중하였다. 단방은 '한 가지 약재를 써서 몸을 다스린다'는 뜻으로 허준의 애민정신이 들어 있다. 허준은 가난한 백성들이 주위에서 쉽게 구할 수 있는 약재로 스스로 질병을 치료하고 예방할 수 있도록 한 가지 약재를 처방하여 만들기 쉬우면서도 약효가 좋은 단방문을 써서 보급했다. "오랜 옛날에는 한 가지 약으로 한 가지 병을 치료했다. 후세 사람들이 약효를 본다고 20~30가지 약을 섞어서 쓰는데 이것은 맞지 않다. ……처방을 구성함에 있어 개개 약물의 특성을 살려 최대한 적은 수의 약물로 처방을 구성하는 것이 마땅하다"라고 하였다.

단방을 기반으로 한 이 책은 한 가지 약재의 성질이 어떤 식재료와 잘 어우러지는지, 어떤 양념을 해야 우리 몸을 좋은 상태에 이르게 하는지 등 중요한 조리 방법을 소개하였다. 다시 말하면, 식재료와 양념의 올바른 활용법이다. 가정에서도 치료 목적으로 쉽게 음식을 조리할 수 있도록 기본에 충실한 방법을 제시했다. 이해를 돕기 위해 『동의보감』 원문 내용도 실었다.

지금 우리는 풍요로운 음식 문화 속에서 살고 있지만 범람하는 외래 음식과 대량 생산된 가공 식품, 상업화된 외식 산업에 둘러싸여 먹는다는 것의 의미와 한식의 철학을 잊고 있다. 우리 선조들이 오랫동안 지켜왔던 음식지도(飲食之道)와 한식 조리법의 정통성은 사라져가고 있다. 음양오행 사상이 깃든 상차림, 검박한 밥상에서 찾은 절용의 미덕, 양생론에 기반한 식생활은 사라지고 근본 없는 조리법과 혀를 사로잡는 말초적인 음식들이 우리 전통 식문화를 밀어내고 있다. 이 책은 우리 선조들의 식생활 문화를 복원하려는 시도이며, 진정한 미각을 잃고 있는 현대인을 위한 새로운 식(食) 제안이다.

이 책은 우리 전통 음식의 중요한 가치인 '약선(藥膳)'과 '식치(食治)'를 되살리려는 노력이다. 우리 전통 음식에서 양념의 기능과 효용성, 서로 조화롭게 잘 어우러지게 조리하는 것과 그런 음식을 먹는 것, 음식으로 병을 예방하고 치료하는 방법 등을 통해 먹는 것의 진정한 의미와 잘 먹는 방법을 제시하고자 한다. 이 책이 제안하는 단방 요리는 건강한 음식과 자기 몸에 맞는 음식이 뭔지 모르고 사는 현대인들에게 건강에 필요한 실용 지식을 제공할 것이다. 이 책의 조리 방법을 응용하여 더 좋은 한식이 나올 수도 있을 것이다.

이 책이 나오기까지 많은 노력과 과정이 있었다. 숙세(宿世)의 깊은 인연으로 맺은 최정은, 조미순, 이주희, 이미영, 김순희, 이지선 여섯 제자들과 도움을 주신 와이즈북 심순영 대표님과 함께 출간의 기쁨을 나누고 싶다. 진실로 소중한 인연이 아닐 수 없다.

대전 연구실 禾井齊에서

김상보

동의보감, 食의 사상을 말한다

1

食治, 음식으로 몸을 다스린다

음식으로 병을 다스리는 것을 '식치(食治)' 또는 '식료(食療)'라고 한다. 다른 표현으로 하면 '식이요법'을 말한다. 『동의보감』은 식치를 가장 잘 다룬 고전이다. 몸에 대한 이해를 바탕으로 한 의학적 접근으로 최고의 음식 처방을 내놓고 있다. 『동의보감』의 탁월함은 음식으로 병을 고치는 양생법을 실제 활용할 수 있도록 제시한다는 데 있다. 오랫동안 선조들이 먹어온 약재와 식재료의 검증된 효능을 바탕으로 몸에 이로운 치유법을 제시한다. 우리 몸에 조화로운 식이, 사람마다 다른 체질과 건강법, 식재료의 결합과 효능 등 몸과 섭생을 유기적으로 다루며 질병 치유 해법을 들려준다.

조선 초기의 어의 전순의가 쓴 『식료찬요(食療纂要)』에도 식치를 언급하고 있다. 세종, 문종, 단종, 세조의 어의를 지낸 전순의는 허준에게 학문적 영향을 끼친 의학자로 몸을 다스리는 방법과 건강 철학을 훌륭하게 이야기하고 있다.

> 사람이 세상을 살아감에 있어 음식이 으뜸이고 약 먹는 것은 다음이다.
> 계절에 맞추어 바람, 추위, 더위, 습기를 막아주며, 음식을 절제하고,
> 남녀 간의 관계를 절제한다면 병은 생기지 않는다.
> 그러나 사계절이 순서를 어겨 이상 기후가 생긴다. 또 평온한 날이 적고
> 어지러운 날이 많으면 비정상적인 기운 때문에 병이 생긴다.
> 그러므로 옛 사람은 병이 났을 때 먼저 식품으로 치료하는 것[食療, 食治]
> 을 먼저 하고, 식품으로 치료가 되지 않으면 비로소 약으로 치료하는데
> 식품에서 얻는 힘은 약에서 얻는 힘에 비하면 절반 이상이 된다고 하였다.
> 병을 다스릴 때 오곡(五穀, 대두·맥·마·기장·조),
> 오육(五肉, 돼지·양·닭·개·소), 오과(五果, 대추·밤·복숭아·오얏·살구),
> 오채(五菜, 부추·아욱·파·콩잎·여뀌)로 다스려야지,
> 어찌 마른 풀과 죽은 나무의 뿌리에 치료 방법이 있을 수 있겠는가.

전순의의 말에 따르면, 병이란 정상적인 기(氣)의 균형이 깨졌을 때 생기며 오곡, 오육, 오과, 오채로 병을 다스리는 것이 식치, 즉 식료라고 말하고 있다. 요즘은 약식동원(藥食同源)에서 나온 개념인 '약선(藥膳)'이라는 말을 많이 쓰는데, '膳'은 '食'을 뜻하므로 '음식을 약으로 만들어 먹는다'라는 의미이다. 식치, 즉 식료는 '음식으로 병을 다스린다'는 것이기에 약선과 식

치는 개념이 조금 다르다.

음식으로 몸을 치유할 수 없는 병에 걸렸을 때는 약이라는 독을 써서 치료한다. 약은 단기 처방이며 오래 복용할 수 없다. 하지만 음식은 장기간 먹어서 몸을 치유할 수 있다. 몸에 맞게 조리한 음식을 치료식으로 오래 먹는 것이 '식치'의 개념이다.

전통 한식의 핵심은 '약선'을 통한 '식치'이다. 여기서 '약선'은 '평(平)하게 만든 음식'을 말한다. 음식을 '평하게 만든다'는 것은 식재료가 가지고 있는 고유의 성질, 즉 차갑거나 뜨거운 성질을 평한 상태로 바꾸어 인체를 편안하게 다스린다는 의미이다. 주재료가 갖고 있는 유효 성질을 양념이나 다른 부재료와 결합하여 평하게 만들어서 병을 예방하는 식품으로 바꾸는 것이다. 따라서 젊고 건강하게 장수하는 음식은 평하게 만든 음식이다. 약선 음식은 곧 '식치'를 완성하기 위한 조리법으로 만든 것이다.

우리 선조들은 식치를 중시했다. 고려와 조선 시대에는 왕실의 식치를 담당하는 '사의(食醫)'를 두었다. 왕과 왕족이 먹는 음식을 조사하고 감별하여 질병을 예방하고, 병이 나면 음식으로 다스리는 관직이다. 고대 중국의 『주례(周禮)』에도 일찍이 사의 제도를 두었다는 기록이 있다.

> 질병의 시작은 기와 몸의 부조화에서 비롯되고,
> 이는 음식의 절도가 없을 때 생긴다.
> 병이 없을 때 음식을 절도 있게 잘 섭취하면 병이 생기지 않는다.
> 따라서 사의는 임금의 음식이 조화가 되는지를 전담한다.

사의는 오늘날의 영양사, 곧 식치를 담당하는 사람이라고 말할 수 있다. 사의의 역할은 기의 균형이 깨지지 않도록 절도 있게 먹는 법을 지도하고, 병이 생기면 증상을 살펴서 음식으로 치료하며, 그래도 치유되지 않으면 약을 잘 쓰는 일이다. 병이 걸린 다음에 치료하는 것이 아니라 평소 음식 처방으로 병이 나지 않도록 예방하는 일이 사의의 중요한 임무였다.

『동의보감』에 따르면, '장수 음식'이란 곧 '자기 고유의 천성을 길러주어 오래 살도록 돕는 음식'이라고 했다. 따라서 천성을 길러주는 양성(養性)이 장수 음식이라고 할 수 있다. 노화는 피가 쇠하여 일어나는 현상이므로 노화 과정에서 발생하는 체력 저하와 기능 약화를 억제하는 양로식(養老食)을 먹으라고 했다.

『동의보감』에서는 젊고 건강하게 오래 살기 위해서는 몸의 3가지 토대인 정, 기, 신을 잘 다스려야 한다고 강조했다. 정(精)은 일차적으로는 정액을 의미하기도 하지만 오장, 골수, 생식기 등 몸속에 차 있는 물질로 몸의 근본이다. 정이 부족해지면 허리와 등에 통증이 생기고, 정강이에 담이 결리며, 어지럽고 이명이 들린다. 정과 기는 서로가 서로를 키운다. 기가 모이면 정이 차고 기가 성해진다. 정이 없어져 기가 쇠약할 때 정을 보해주는 식품이나 약재로 음식을 만들어 먹어야 한다.

기(氣)는 생명을 살아 있게 하는 원천적 에너지를 말한다. 오랫동안 누워 있거나 움직이는 것을 게을리하며 욕심에 차 있으면 기가 상해 병이 생긴다. 기는 곡식에서 만들어지는데, 곡식은 피부를 따뜻하게 하고 몸을 충만하게 보하여 장수하게 하는 약이다.

신(神)은 마음[心]을 말한다. 마음은 신명(神明)의 집으로 만병은 마음에서 생겨난다. 따라서 마음이 편안해야 신도 편안해져 병이 생기지 않으며, 신을 편안하게 해주는 식품이 만병을 예방하는 음식이다.

이렇듯 몸을 구성하고 생명 활동을 다스리는 정, 기, 신 외에도 『동의보감』 양생법을 이해하기 위해서는 그 이론적 기초인 음양오행론을 이해해야 한다. 중국 고대에 확립된 음양오행론은 음양과 오행의 정기가 결합하여 만물이 생성된다는 일종의 자연 법칙으로 인간과 세계를 이해하는 지식을 제공해왔으며 철학, 천문학, 정치, 의학, 예술, 음식 등 많은 분야에 영향을 미쳤다.

음양오행은 우주 삼라만상이 음양오행의 흐름에 따라 서로 작용을 주고받으며 변화한다는 사상이다. 인간을 포함한 모든 만물은 양과 음의 상대적 에너지로 구성되어 있음과 동시에 오행으로 나뉘어, 나가고 들어오며 머무른다는 통찰이다. 음양오행의 생성 원리를 알아보자.

태초에 하늘과 땅은 분화되지 않은 혼돈의 상태였다. 혼돈 속에서 빛으로 충만한 가벼운 양기(陽氣)가 위로 올라가 하늘이 되고, 무겁고 혼탁한

동의보감 양생법의 기본은
평소 음식을 잘 먹어
병이 나지 않도록 예방하는 것이다.
보약과 치료는 그 다음이다.

음기(陰氣)가 아래로 내려와 땅이 되었다. 하늘과 땅은 서로 반대의 본질을 가지지만 원래 한 몸이었던 하나의 기(氣)에서 나왔다. 하늘과 땅, 양과 음은 뿌리가 같고[天地同根], 서로 왕래하며[天地往來], 서로 끌어당겨 섞인다[天地交合]. 하늘에서 내린 비는 땅 속으로 스며들어 다시 하늘로 올라가고, 곧 구름이 되고 비가 되어 다시 땅으로 돌아온다. 서로 왕래하고 섞이며 순환한다. 이런 현상은 하늘과 땅 사이에서 쉴 새 없이 일어난다.

이렇듯 음양 이론은 세상이 톱니바퀴처럼 돌고 돌며 순환한다는 논리다. 양인 봄과 여름이 가면 음인 가을과 겨울이 온다. 음양은 불확정적인 일련의 변화 속에서 부단히 변화한다. 그래서 고정된 개념으로 정의하기 어렵다. 이렇듯 음양 이론의 역동성을 개념화한 말이 '기(氣)'다. 기는 생명의 근원인 활력을 내포하는 말이며, 음과 양으로 갈라진다.

사람도 음과 양의 결합으로 이루어진다. 정신은 하늘(양)이며, 육체는 땅(음)이다. 양은 남성, 밝음, 더위, 강건함을 뜻하고, 음은 여성, 어둠, 추위, 부드러움을 뜻한다. 천하(天下), 상하(上下), 고저(高低), 유무(有無), 대소(大小), 허실(虛失), 일월(日月), 명암(明暗), 주야(晝夜), 하동(夏冬), 전후(前後), 생사(生死), 진퇴(進退), 개폐(開閉) 등 대립 또는 대척하는 관계는 음양 이론으로 설명된다.

이들 상반되는 쌍들은 서로 보완적으로 작용하며 소멸할 때까지 상호 의존적으로 발전한다. 서로가 서로를 다스리고 도움을 주며 대립하기도 하는 상호성의 관계다. 탄생과 죽음에 이르는 사람의 일생은 음양의 이치에 따라 흘러간다.

음양의 2기(二氣)로부터 목(木), 화(火), 토(土), 금(金), 수(水)의 5기가 생성된다. 이들 음양과 오행의 정기가 서로 결합하여 만물이 생성, 변화, 소멸하며, 이는 끊임없이 상생, 상극 운동으로 평형을 이루는 과정이기도 하다. 이것이 우주 자연의 법칙이다. 즉 목화토금수의 5기(氣)가 윤회작용, 순환작용한다는 것을 의미한다. 오행의 '五'는 목화토금수의 5기를 가리키며, '行'은 '움직인다', '순환한다'는 의미를 가진다. 하루의 아침, 점심, 저녁, 밤, 일 년의 봄, 여름, 가을, 겨울의 변화도 모두 오행의 작용이다. 즉 오행이 상생하는 원리로 운행된다.

나무는 물에서 자라고[水生木], 나무와 나무가 부딪치면 불이 만들어지며[木生火], 불은 꺼져서 재가 되어 흙을 이룬다[火生土], 흙에서 나오는 나무는 열매를 맺는다[土生金]. 그리고 열매 속에는 물이 있다[金生水].

이 단순한 상생 원리는 아침이 가면 점심이 오고, 점심이 가면 저녁이 오며, 저녁이 가면 밤이 오는 자연의 순리를 만든다. 그리고 밤이 가면 또 아침, 점심, 저녁, 밤이 온다. 다시 말하면 봄이 가면 여름이 오고, 여름이 가면 가을이 오며, 가을이 가면 겨울이 오고, 겨울이 가면 또 봄, 여름, 가을, 겨울이 오는 것과 같은 법칙이다. 상생은 하늘의 법칙이고 시간의 법칙이다. 사람도 살아 있는 동안 끊임없이 상생의 영향을 받는다.

상생이 차례차례로 상대를 만들어가는 것에 반하여, 상극은 반대로 목화토금수 5기가 차례차례로 상대를 이기는 관계이다.

목기는 토기를 이기고, 토기는 수기를 이기며, 수기는 화기를 이긴다. 화기는 금기를 이기고, 금기는 목기를 이긴다. 금기에 의하여 제압된 목기는 토기를 이겨 계속 반복하여 순환한다.

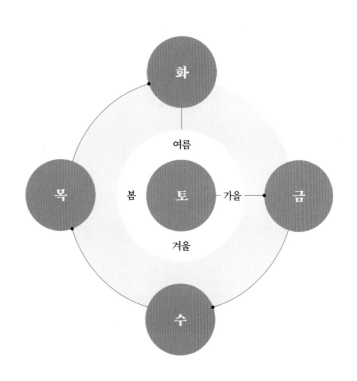

나무는 뿌리를 흙속에 뻗고 흙을 단단히 죄어 고통을 준다. 목극토(木剋土)이다. 물은 끊임없이 흘러 차고 넘친다. 그 물의 힘을 억제하는 것은 항상 흙이다. 토극수(土克水)이다. 물이 불을 끈다. 수극화(水剋火)이다. 금속은 고온의 불에 들어가면 쉽게 녹는다. 불이 금속을 이긴다. 화극금(火剋金)이다. 우뚝 솟아 있는 나무를 도끼로 치면 넘어진다. 도끼는 금속이므로 금극목(金剋木)이다.

상생은 목화토금수의 순서로 5기가 차례차례로 상대를 만들어가지만, 상극은 금목토수화의 순서로 5기가 차례차례로 상대를 이겨간다. 그러나 상극 그 자체에도 상생이 있다.

토는 나무뿌리에 의하여 단단히 죄어지므로 붕괴되지 않는다. 물은 흙에 의하여 행동이 억제되므로 계곡과 강의 형태를 유지할 수 있다. 불은 물에 의하여 억제되어 연소를 막을 수 있다. 금속은 불에 용해되어 다른 금속 제품을 만들 수 있다. 나무도 도끼에 잘려 다양한 제품으로 재생된다. 이는 상극 중에 생(生)이 있는 까닭이다.

삼라만상을 구성하는 목화토금수 사이에서 상생과 상극, 두 가지가 작용함으로써 만상은 비로소 이치대로 순환하게 된다. 이 순환으로 이 세상 만상이 영원히 흘러간다.

오행 개념은 몸속 장기, 음식, 사계절, 숫자, 방위, 동물, 곡식, 체질 등 영역에서 원리와 해법을 제시한다. 음양오행론은 거시적으로는 우주 만물의 이치를 규명하는 세계관이며, 미시적으로는 소우주인 인간을 이해하는 철학으로서 시간, 방위, 색, 맛, 음률 등의 현상과 몸과 마음 등 다양한 영역의 해석 원리를 제공한다. 그리고 우주 이치와 몸의 원리를 결부시켜 양생의 비밀을 밝혀낸다.

동양의학은 음양오행론에 기초해 발전하였다. 중국의 고전 『황제내경(黃帝內經)』에서는 몸의 오장육부(간장, 심장, 폐장, 비장, 신장)를 음양오행으로 나누고 음양오행이 조화로울 때를 건강한 상태로, 조화가 깨친 상태를 질병으로 보았다.

음양오행을 몸에 비유하면 다음과 같다. 양기는 몸의 앞으로 올라가고 양기가 다시 음기가 되어 몸의 뒤로 떨어진다. 각 장기에서 간장과 담낭은 목기(木氣)에, 심장과 소장은 화기(火氣)에 해당하므로 양기에 속한다. 비장과 위장은 토기(土氣)로 양기와 음기 어느 곳에도 치우치지 않는다. 이를

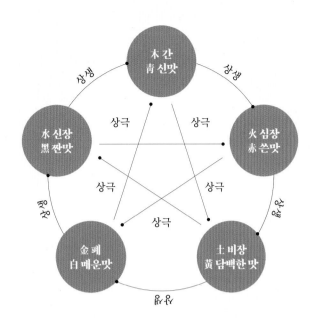

평기(平氣)라 한다. 허파와 대장은 금기(金氣)에, 신장과 방광은 수기(水氣)에 속하므로 음기이다.

신장의 기가 간의 기를 생성하고[水生木], 간의 기는 심장의 기를 생성하며[木生火], 심장의 기는 위장의 기를 만든다[火生土]. 위장의 기는 허파의 기를 생성하고[土生金], 또 허파의 기는 신장의 기를 만들어준다[金生水].

다시 말하면, 우리 몸의 장기는 각각 음기와 양기에 속해 있어 서로 조화를 이루는데, 화를 낼 경우 각 장기의 음양 조화가 깨져 열이 발생하고 병이 생긴다.

음식을 먹을 때도 음양의 조화를 생각하며 먹어야 한다. 아침에 먹은 것이 낮에 소화되면 속이 편하다. 위기(胃氣)는 배고프고 배부른 것을 반복해서 느끼면 편안해진 것이다. 이것이 음과 양의 도(道)이다. 좋은 음식을 항상 배부르게 먹으면 양만 있고 음이 없는 것과 같다. 겨울에 항상 따뜻하게 배불리 먹고자 하면 신체가 따뜻하고 배부른 것에만 습관이 되어서 추위를 이겨내지 못한다. 장과 위도 이와 같다. 음식을 먹는 것도 양과 음의 조절이 필요하다. 오곡의 성질이 담(淡)하여도 평소 늘 배부르게 먹으면 양만 있고 음이 없는 것과 같다(이제마, 『사상초본권(四象草本卷)』).

중국의 유교 경전인 『서경(書經)』에는 오행과 맛의 관계를 다음과 같이 설명하고 있다.

"오행의 첫째는 수(水)이고, 둘째는 화(火)이며, 셋째는 목(木), 그리고 넷째는 금(金), 다섯째는 토(土)다. 수의 성질은 물체를 젖게 하고 아래로 스며든다. 화는 위로 타올라 가는 것이다. 목은 휘어지고 곧게 나가기도 한다. 금은 주형(鑄型)에 따르는 성질이 있으며, 토는 씨앗을 뿌려 추수를 할 수 있게 하는 성질이 있다. 젖게 하고 방울져 떨어지는 것은 짠맛[鹹味]을 낸다.

음양조화(陰陽調和)	식물성과 동물성을 균등하게 섭취할 것. 항상 평(平)이 되도록 식품을 조리할 것. 지나치게 뜨겁거나 찬 것을 먹지 말 것.
오미상생(五味相生)	신맛과 쓴맛, 쓴맛과 담백한 맛, 담백한 맛과 매운맛, 매운맛과 짠맛, 짠맛과 신맛을 알맞게 섞어서 섭취할 것.
오색상생(五色相生)	청색과 적색, 적색과 황색, 황색과 백색, 백색과 흑색, 흑색과 청색의 식품을 알맞게 섞어서 섭취할 것.
소의소기(所宜所忌)	무엇이든지 적당히 골고루 섭취할 것.
이류보류(以類補類)	간이 나쁠 때는 소나 돼지의 간을, 폐가 나쁠 때는 소나 돼지의 허파 등을 먹을 것.
한성(寒性, 찬) 식품	녹두, 메밀, 참깨, 참기름, 버터, 치자, 고사리, 다시마, 오이, 가지, 아욱, 근대, 박, 참외, 배, 차, 우렁이, 바지락, 잉어, 꿩, 돼지고기 등
량성(涼性, 서늘한) 식품	찹쌀, 장, 상추, 시금치, 우유, 대합, 오리 등
평성(平性, 평한) 식품	멥쌀, 팥, 대두, 백두, 무청, 당근, 순무, 미나리, 매실, 자두, 뱅어, 농어, 청어, 자라, 닭, 붕어, 숭어, 표고버섯 등
온성(溫性, 따뜻한) 식품	보리, 후추, 소금, 초, 오미자, 연지, 꿀, 마늘, 쑥, 도라지, 부추, 인삼, 갓, 무, 연근, 산약, 배추, 밤, 모과, 사과, 오골계, 개고기 등
열성(熱性, 뜨거운) 식품	천초, 생강, 건강, 고추 등

타거나 뜨거워지는 것은 쓴맛[苦味]을 낸다. 곡면(曲面)이나 곧은 막대기를 만들 수 있는 것은 신맛[酸味]을 낸다. 주형에 따르며 이윽고 단단해지는 것은 매운맛[辛味]을 낸다. 키우고 거두어들일 수 있는 것은 담백한 맛[甘味]을 낸다."

오행설의 5요소는 우주를 구성하는 원소이자 일상생활에 필수적인 물질이다. 5미도 5기에서 나온다. 수는 짠맛, 화는 쓴맛, 목은 신맛, 금은 매운맛, 토는 담백한 맛이다. 오미는 오장육부로 들어가 약리 작용을 하기 때문에 질병 치료에 이용되기도 한다.

『동의보감』은 음양오행의 조화와 균형을 이루는 양생법을 강조했다. 질병이란 단순한 병적 상태가 아니라 그 사람의 섭생이나 습관에서 비롯된다. 아직 병이 생기지는 않았지만 몸이 가지고 있는 평한 기의 균형에 발작이 생긴 상태를 넓은 의미의 병으로 보고 이를 평소에 먹는 음식으로 조절하여 다스릴 것을 당부했다.

그래서 음양오행론에 따른 섭생법이 중요하다. 오장육부와 오행의 상관관계를 알고 상생 상극 원리를 따져 섭생해야 한다. 음식을 만든다는 것은 음에 해당하는 차가운 기를 가진 식재료와 양에 해당하는 더운 기운을 가진 식재료를 조화롭게 배합하여 평하게 만드는 것이다. 목, 화, 토, 금, 수의 5가지 기운을 가진 음식을 각 장기에 활용하여 오장이 편안하도록 유지하는 것이다. 이것이 『동의보감』에서 강조하는 건강 유지 방법이다. 음양과 오행의 기운을 가진 식재료의 특징을 알고 조리하면 몸을 활성화하여 질병을 예방, 치유할 수 있다.

전통 한식도 음양오행의 조화를 이루며 계승되었다. 오늘날 한식은 서구의 식생활이 틈입하면서 그 원형이 많이 훼손되었지만, 고대부터 우리 음식은 음양오행이라는 사상적 뿌리를 가지고 발달하였다. 오장육부와 계절, 오색, 오미가 적절하게 배합되고 상생 상극 원리에 입각해 만들어진 음식이 한식이다. 계절마다 오행 오미에 맞게 봄에는 신맛을, 여름에는 쓴맛을, 가을에는 매운맛을, 겨울에는 짠맛을 주로 활용했다. 한 가지 재료가 아닌 다양한 식재료의 조화로움을 만들어내고, 갖은 양념으로 원재료의 부족한 기를 채우는 등 체질에 맞는 이로운 음식을 만들어 병을 예방하고 치료했다. 음양오행을 한식에 잘 적용하면 몸을 자연에 가장 가까운 건강한 상태로 만들어 장수할 수 있다.

양생을 장생(長生)이라고도 하며, 몸과 마음을 다스려 건강하게 오래 살도록 꾀하는 것이다. 몸[음, 陰]은 정신[양, 陽]이 다스리는 것이므로 몸이 건강하기 위해서는 정신의 건강이 절대적이다. 따라서 섭생은 정신과 육체를 모두 다루는 일이다. 그러나 정신은 볼 수 없는 공간이고, 육체는 볼 수 있는 공간이기 때문에 식품만으로 양생을 다루는 것은 한계가 있다.

양생법을 중시하는 『동의보감』은 우리가 먹는 5곡, 5채, 5축, 5과, 약을 포함하는 모든 식품을 5기(五氣)와 5미(五味)로 분류하였다. 양생을 잘하려면 이들 분류에 주목하여 식품의 성질을 알고 조리해야 한다.

열성(熱性)의 병을 치료하는 것은 차가운 한성(寒性) 식품 또는 서늘한 량성(涼性) 식품이고, 한성의 병증을 치료하는 식품은 따뜻한 온성(溫性) 또는 뜨거운 열성 식품이다. 여기서 성(性)은 기(氣)임으로 한성, 량성, 온성, 열성, 평성은 한기, 냉기, 온기, 열기, 평기의 5기이다.

5미란 신(辛, 매운맛), 감(甘, 담백한 맛), 산(酸, 신맛), 고(苦, 쓴맛), 함(鹹, 짠맛)이다. 식품의 작용은 이들 5기와 5미의 조합으로 이루어진다. 한기, 냉기, 온기, 열기에서 벗어난 것을 평기(平氣) 또는 평(平)이라고 하는데, 이 평기의 식품은 담백한 맛을 지닌 토기(土氣)를 지닌다.

술을 예로 들어보자.

술의 기(氣)는 매우 뜨겁다[大熱]. 맛은 쓰고[苦], 담백하며[甘], 맵다[辛]. 이러한 기와 맛을 가진 술은 몸이 냉증이나 한증인 사람이 혈액 순환이 되지 않을 때 마시면 좋다. 그러나 어디까지나 소량의 약주로 마시는 것이 원칙이며, 과음했을 때는 몸 상태가 열성 즉 열기가 되어 누적되면 담질(痰疾, 熱痰과 酒痰)이 된다고 『동의보감』은 밝히고 있다.

술을 마실 때 최고의 안주는 술의 열성을 평하게 해주는 한성 또는 량성 식품이 좋다. 또 차가운 성질인 차는 술에 취했을 때 주열(酒熱)을 풀어준다. 차는 술을 빨리 깨게 해주는 음료다. 술로 뜨거운 열성이 되는 몸을 평하게 해주어야 정기, 즉 젊음을 유지하고 장수하는 데 도움이 된다.

건강을 잃는다는 것은 평기(平氣)가 깨져서 한기나 열기로 치우친 것을 말한다. 몸의 평기가 유지되는 상태를 '본상지기(本常之氣)'라고 한다. 즉 '본래 항상 지닌 기'를 말하니 건강할 때 갖고 있는 기는 바로 평기이다. 따라서 식품도 본상지기가 유지되도록 돕는 평한 식품이 좋고, 약도 성질이 평하고 담백한 것은 오랫동안 먹어도 본상지기에 손상이 없다.

토기(土氣)에 속하는 식품을 포함한 약재는 평하고 담백하기 때문에 평기의 균형이 깨지지 않는다. 이런 식품이 좋은 식품이고 좋은 약재다. 우리가 매일 먹는 음식도 본상지기에 맞추어서 조리해 먹어야 한다.

우리 선조들은 몸속 기의 흐름을 중시하였다. 사람이 생명을 유지하는 것은 기와 혈이 몸 구석구석을 순환하기 때문이라고 보았다. 아직 병이 생기지 않았더라도 몸의 기에 문제가 생기면 이를 잠재적인 병으로 보고 평소 먹는 음식을 조절하여 몸을 치유했다.

평기를 유지하는 가장 쉬운 섭생법은 양념을 효과적으로 사용하는 것이다. 양념은 '약염(藥鹽)'에서 유래한 말로 약(藥)과 소금[鹽]이 합쳐져 만들어졌다. 음식의 기운이 치우쳐 있을 때 약과 소금을 넣어 평하게 하여 편안한 몸을 유지하라는 것이다. 우리가 먹는 대부분의 식품에는 한(寒, 차가운 기운), 량(凉, 서늘한 기운), 평(平, 평한 기운), 온(溫, 따뜻한 기운), 열(熱, 뜨거운 기운)의 성질이 치우쳐 있으니 이들 기운을 평하게 하는 양념을 넣어 평한 음식으로 만들 수 있다.

예를 들면, 녹두의 성질은 차갑다. 그래서 녹두로 만든 음식은 술안주로 좋다. 술 마신 후의 열을 녹두가 풀어주기 때문이다. 녹두 음식은 오한이 든 환자가 먹으면 안 좋고, 겨울철에 먹어도 안 좋으며, 여름철 음식이다. 녹두가 인체의 기에 영향을 미치지 않도록 하기 위해서는 조리할 때 녹두의 차가운 성질을 잡아주는 따뜻한 식품을 결합해 인위적으로 평하게 만들어야 하는데, 여기서 양념이 필요하다. 몸을 따뜻하게 보하거나 덥히는 양념이 좋다. 녹두의 찬 성질을 잡아주는 '약'인 생강, 후추, 파, 마늘을 넣고, 간은 '염' 즉 소금으로 한다.

우리 전통 식생활은 병을 치유하고 예방하는 약선 음식이 발달했다. 최고의 약선 음식을 들라면 단연 궁중음식이다. 궁중음식은 곧 약선이라고 할 만큼 조선 왕실은 약선을 중시했다. 『동의보감』에는 메밀을 "무독하고 기력에 좋고 위장을 충실히 하지만 오랫동안 먹으면 어지럽고 돼지고기와 함께 먹으면 풍사(風邪)가 침입하여 수염과 눈썹이 빠진다"라고 설명했는데 1848년, 1873년의 『진찬의궤』를 보면 냉면의 주재료로 메밀국수, 동치미, 돼지고기, 배가 등장한다. 메밀국수에 동치미, 돼지고기에 배를 함께 조리한 것인데, 메밀의 면독을 동치미가 보완해주고, 돼지고기의 풍(風)을 배가 억제하도록 재료를 쓰고 있다. 메밀국수와 돼지고기를 먹을 때 무로 만든 동치미와 배를 함께 먹도록 한 것은 약선적 관점이다. 조선 왕실 밥상에 오른 찬품 하나하나는 약선적 기능이 항상 존재했다.

신맛, 쓴맛, 담백한 맛, 매운맛, 짠맛의 5가지 맛에도 약선 기능이 있다. 신맛[木]은 간[木]에, 쓴맛[火]은 심장[火]에, 단맛[土]은 비장[土]에, 매운맛[金]은 허파[金]에, 짠맛[水]은 콩팥[水]에 들어가 작용한다. 물론 이들 각각은 적당한 양을 섭취해야 하며, 정도가 지나치면 병에 걸린다. 즉 지나치게 시게 먹으면 위장병, 지나치게 짜게 먹으면 심장병, 지나치게 달게 먹으면 당뇨병, 지나치게 맵게 먹으면 간장병에 걸린다. 이것을 소의소기(所宜所忌, 정도를 지나치지 말 것)라 하며, 청·적·황·백·흑 등의 식품 색깔에도 적용된다.

약선에는 이류보류(以類補類, 무리로서 무리를 보한다)의 원리도 있다. 체내에 부족한 것을 다른 동물의 같은 것으로 보충한다는 뜻이다. 예컨대 폐를 튼튼히 하려면 소의 허파나 돼지의 허파를, 간을 튼튼히 하려면 소의 간이나 돼지의 간을, 무릎을 튼튼히 하려면 소의 도가니를 조리해 먹으면 건강해진다는 논리이다. 우리의 약선 음식은 음양조화, 오미상생, 오색상생, 소의소기, 이류보류를 지켜나가며 거듭 발전했다.

우리의 전통 음식에는 자연의 이치에 순응하는 정신이 담겨 있다. 음과 양이 어우러지고 변화하면서 하루(밤과 낮), 한 달(삭과 망), 일 년(가을·겨울은 음, 봄·여름은 양)이 흘러가고, 씨앗은 싹을 틔워 성장하고 열매를 맺는다. 남(양)과 여(음)가 결합하여 생명을 잉태하고 성장, 출산, 죽음의 윤회를 맞이한다. 매일매일 삶의 연속성[地道 위의 人道]도 음과 양의 법칙[天道]으로 이어지며, 하루하루 삶을 유지하는 식생활도 같은 논리로 유지해야 수명을 지키고 일생 동안 건강하게 살 수 있다.

따라서 자연의 법칙에 따라 음과 양이 조화로운 식생활을 해야 불로장수할 수 있다. 이것이 자연의 시간이 만들어낸 제철 식품을 먹어야 하는 이유이다. 계절마다 생산되는 재료를 음양오행 원리에 따라 조리해 먹으면 건강하게 오래 살 수 있다.

어린 싹은 봄에, 참외·수박·오이·옥수수·건어물은 여름에, 감·밤·고구마·마늘·꿀·연근·사과·산약은 가을에, 꿩·생선·멧돼지·밀감·유자는 겨울에 먹으면 좋다. 겨울에 수박을 먹거나 여름에 꿩을 먹는 것은 음양 원리에 맞지 않는다.

밥상을 차릴 때 찬품의 온도에도 조화를 맞춘다. 밥은 봄처럼 따뜻하게, 국은 여름처럼 뜨겁게, 장은 가을처럼 서늘하게, 술을 포함한 음료는 겨울처럼 차게 먹어야 좋다.

한식의 기본 상차림인 국과 밥은 매우 훌륭한 조합이다. 국과 밥이 한 조가 되어야 하는 이유는 국은 본디 소고기·양고기·돼지고기·꿩고기·닭고기 등과 같이 육류를 주재료로 한 것으로 양성(陽性) 식품이고, 밥은 조·수수·보리·쌀 등과 같이 곡류를 주재료로 한 음성(陰性) 식품인 까닭이다. 이는 단백질과 탄수화물의 조합, 양과 음의 조합이다.

식품의 성질과 조화를 이루도록 사용하는 것, 이것이 조미료 사용 원칙이고, 계절에 따른 섭생 원칙도 마찬가지다. 찬 기운을 가진 식품은 뜨거운 기운으로 생긴 병[陽症]을 다스리고, 여름철에 먹으면 좋지만 몸이 찰 때 먹으면 병이 된다. 그리고 먹을 때는 뜨거운 기운을 가진 식품을 조미료로 써서 평한 성질을 갖도록 했다. 이른바 양념[藥鹽]을 하는 것이다.

뜨거운 기운을 가진 식품은 차가운 기운으로 생긴 병[陰症]을 다스리는데, 탕약으로 쓰이거나 차가운 식품을 평하게 만들어주는 양념 조미료로 사용한다. 겨울철 식품이다.

따뜻한 기운을 가진 식품은 음증을 다스리는 데 쓰이고, 차가운 기운 또는 서늘한 기운을 가진 식품을 평한 기운으로 만들기 위한 양념 조미료로 사용한다. 가을철 식품이다

차가운 기운과 서늘한 기운을 가진 식품은 뜨거운 기운으로 생긴 병증을 다스리고, 따뜻한 식품 또는 뜨거운 식품을 평하게 만들기 위한 양념 조미료로 사용한다. 여름철 식품이다.

평한 기운을 가진 식품은 매일 다른 양념을 하지 않고 조리해 먹어도 기의 균형을 깨뜨리지 않는 중성 식품이다. 멥쌀, 대두, 매실, 자두, 농어, 소고기, 팥, 감초 등이다. 이 식품들은 사시사철 먹어도 좋고 매일 다른 양념을 하지 않고 조리해 먹어도 기의 균형을 깨뜨리지 않는다.

4

동의보감, 음식 조리의 원리

건강하게 오래 살기 위한 양생법은 음양오행 원리를 따르는 식생활이다. 오행의 끊임없는 운행은 상생과 상극 작용을 일으켜 좋음이 있으면 나쁨이 있고, 나쁨이 있으면 좋음도 있다.

상생론과 상극론을 맛과 관련해서 살펴보자.

간은 목(木)의 성질이다. 그러므로 간에 병이 생기면 목의 성질인 신맛의 식품을 선택해야 하는데, 신맛 나는 식품은 백 퍼센트 신맛만 있는 건 아니다. 신맛을 극하는 매운맛도 있을 수 있다. 이 매운맛을 쓴맛으로 극하면 완전한 신맛의 식품을 얻을 수 있다. 신맛을 보호하기 위해서는 신맛을 극하는 매운맛을, 소량의 쓴맛을 동원하여 극한다[火剋金]. 이것이 『동의보감』식 처방이다. 토의 담백한 맛을 소량 첨가하는 까닭은, 담백한 맛이 모든 것을 조화롭게 하는 힘이 있기 때문이다. 요약하면, 간이 나쁠 때는 신맛을 가진 음식과 소량의 쓴맛을 가진 음식 그리고 소량의 담백한 맛을 가진 음식을 섭취한다.

화(火)의 성질을 가진 심장에 병이 생기면 화의 성질인 쓴맛의 식품을 선택하면 좋다. 쓴맛 나는 식품은 쓴맛을 극하는 짠맛이 있을 수 있으므로 짠맛을 극하는 담백한 맛으로 완전한 쓴맛의 식품을 얻을 수 있다. 완전한 쓴맛을 얻으려면 쓴맛을 극하는 짠맛을, 소량의 담백한 맛을 동원하여 극한다[土剋水]. 따라서 심장이 나쁠 때는 쓴맛을 가진 음식과 소량의 담백한 맛을 가진 음식을 섭취하는 것이 현명하다.

토(土)의 성질인 비장에 병이 생기면 토의 성질인 담백한 맛의 식품을 선택해야 하는데, 담백한 맛을 극하는 신맛이 있을 수 있으므로 이 신맛을 매운맛으로 극한다면 완전한 담백한 맛의 음식을 얻을 수 있다. 완전한 담백한 맛을 얻으려면 담백한 맛을 극하는 신맛을, 소량의 매운맛을 동원하여 극한다[金剋木]. 따라서 비장이 나쁠 때는 담백한 맛을 가진 음식과 소량의 매운맛을 가진 음식을 섭취한다.

폐에 병이 생기면 금(金)의 성질인 매운맛의 음식을 선택해야 하는데, 매운맛을 극하는 쓴맛이 있을 수 있으므로 쓴맛을 짠맛으로 극한다면, 완전한 매운맛의 음식을 얻을 수 있다. 매운맛을 보호하기 위해 매운맛을 극하는 쓴맛을, 소량의 짠맛을 동원하여 극한다[水剋火]. 덧붙여 토의 담백한 맛을 소량 첨가하는 까닭은, 담백한 맛은 모든 것을 조화롭게 하는 힘을 갖고 있기 때문이다. 요약하면 폐가 나쁠 때는 매운맛을 가진 음식과 소량의 짠맛을 가진 음식 그리고 소량의 담백한 맛을 가진 음식을 섭취한다.

콩팥은 수(水)의 성질이다. 그러므로 콩팥에 병이 생기면 수의 성질인 짠맛의 음식을 선택해야 하는데, 짠맛을 극하는 담백한 맛이 있을 수 있으므로 담백한 맛을 신맛으로 극한다면 완전한 짠맛의 음식을 얻을 수 있다. 짠맛을 보호하기 위해 짠맛을 극하는 담백한 맛을, 소량의 신맛을 동원하여 극한다[木剋土]. 요약하면 콩팥이 나쁠 때 짠맛을 가진 음식과 소량의 신맛을 가진 음식을 섭취한다.

목극토(木剋土), 토극수(土剋水), 수극화(水剋火), 화극금(火剋金), 금극목(金剋木)은 상극 관계이다. 상극 관계에 따라 적색인 화는 금인 흰색을 극한다. 따라서 쌀밥(흰색)을 먹을 때 지나친 붉은색 반찬은 건강에 좋지 않다. 또 목은 신맛이고 토는 비장과 위장이니 비위가 나쁠 때는 신맛을 금한다. 토는 담백한 맛이고 수는 신장이니 신장이 나쁠 때는 담백한 맛을 금한다. 수는 짠맛이고 화는 심장이니 심장이 나쁠 때는 짠맛을 금한다. 화는 쓴맛이고 금은 폐이니 폐가 나쁠 때는 쓴맛을 금한다. 금은 매운맛이고 목은 간이니 간이 나쁠 때는 매운맛을 금한다.

신맛 → 쓴맛, 쓴맛 → 담백한 맛, 담백한 맛 → 매운맛, 매운맛 → 짠맛, 짠맛 → 신맛으로 이행하는 맛의 오미상생(五味相生)이란 신맛과 쓴맛, 쓴맛과 담백한 맛, 담백한 맛과 매운맛, 매운맛과 짠맛, 짠맛과 신맛이 알맞게 섞이면 건강에도 좋고 맛도 좋아진다는 것이다.

음식을 조미할 때 담백한 맛은 신맛에 의하여, 짠맛은 담백한 맛에 의하여, 쓴맛은 짠맛에 의하여, 매운맛은 쓴맛에 의하여, 신맛은 매운맛에 의하여 맛이 각각 억제된다는 오미상극(五味相剋)에 따라 간을 한다. 이를테면 부패를 방지하기 위하여 소금을 많이 넣은 육포를 건조할 때 꿀을 넣으면 짠맛을 덜 느끼게 된다. 토극수에 의하여 단맛이 짠맛을 극하기 때문이다. 지금 우리가 매일 먹고 있는 음식의 조리법이나 섭생법에는 우리 선조가 오랫동안 해왔던 음양오행 조리법의 원형이 남아 있다.

우리가 먹는 식품에 각각 고유의 맛이 있음은 잘 알려진 사실이다. 예를 들면 식초는 신맛을, 쑥은 쓴맛을, 고구마는 단맛을, 마늘은 매운맛을, 굴은 짠맛을 지니고 있다. 이들 식품이 가진 맛은 우리 몸에 들어와 신맛은 수렴 작용을, 쓴맛은 건조와 결집 작용을, 단맛은 보력(補力)과 완화 작용을, 매운맛은 발산과 확산 작용을, 짠맛은 사하(瀉下)와 해응(解凝) 작용을 한다.

신맛을 지나치게 섭취하면 근육이 수축하여 경련이 일어난다. 쓴맛을 지나치게 섭취하면 피부가 건조해지고, 담백한 맛을 과도하게 먹으면 머리털이 빠진다. 또 매운맛을 과도하게 먹으면 근육의 각질화가 일어난다. 짠맛을 너무 많이 섭취하면 맥이 빨라진다.

목극토에 의하여 신맛[木]을 편중하여 많이 먹으면 비장[土]이 상하고, 화극금에 의하여 쓴맛[火]을 편중하여 많이 먹으면 폐[金]가 상한다. 금극목에 의하여 매운맛[金]을 편중하여 많이 먹으면 간[木]을 상하게 한다. 수극화에 의하여 짠맛[水]을 편중하여 많이 먹으면 심장[火]을 상하게 하고, 토극수에 의하여 담백한 맛[土]을 편중하여 많이 먹으면 콩팥[水]을 상하게 한다.

따라서 간에 병이 생겼을 때 매운맛을 금하고, 심장에 병이 생겼을 때는 짠맛을 금하며 비장에 병이 생겼을 때에는 신맛을 금한다. 폐에 병이 생겼을 때에는 쓴맛을 금하고, 콩팥에 병이 생겼을 때에는 담백한 맛을 금해야 한다. 특정한 맛에 치중해서 섭취하면 균형이 깨지는데, 맛은 식품의 색깔과도 관계가 있다. 파란색은 신맛에, 붉은색은 쓴맛에, 노란색은 담백한 맛에, 흰색은 매운맛에, 검은색은 짠맛에 해당하므로 5미를 균형 있게 먹으려면 5가지 색깔의 식품을 골고루 먹으면 된다.

신맛→쓴맛, 쓴맛→담백한 맛, 담백한 맛→매운맛, 매운맛→짠맛, 짠맛→신맛으로 이행하는 맛의 오미상생이란 신맛과 쓴맛, 쓴맛과 담백한 맛, 담백한 맛과 매운맛, 매운맛과 짠맛, 짠맛과 신맛이 알맞게 섞이면 건강에도 좋고 맛도 좋아진다는 의미이다.

간[木]이 나쁘면 신장[水]의 기(氣)를 키우고(水生木), 심장[火]이 나쁘면 간[木]의 기를 키우며[木生火], 비장[土]이 나쁘면 심장[火]의 기를 키워야 한다(火生土). 폐[金]가 나쁘면 비장[土]의 기를 키우고(土生金), 콩팥[水]이 나쁘면 폐[金]의 기를 키워야 한다(金生水).

아무리 약을 많이 먹어도 매일 골고루 섭취하는 좋은 음식보다 못한 까닭은 식재료와 음식에 담긴 풍부한 양분과 몸을 활성화하는 고유의 성질을 흉내 낼 수 없기 때문이다. 우리가 먹는 식재료는 하늘의 영향을 받는 땅에 존재하므로 상생의 영향 아래 놓이면서도 상극의 절대적인 법칙 속에 던져져 있다. 우리 모두는 상생과 상극의 관계 속에서 살아가는 존재이기에 이 원리는 균형 있는 음식 섭취에도 적용된다.

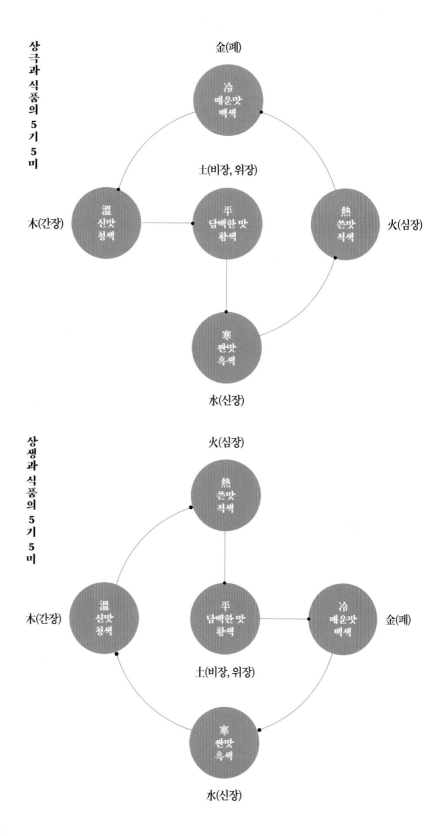

상극과 식품의 5기 5미

상생과 식품의 5기 5미

5

평생 건강을 지키는 양생법

한식 조리의 최고 목표는 평한 음식을 만드는 것이다. 평하게 조리하여 먹거나 평한 식품을 선택하여 우리 몸을 평하게 함으로써 본상지기를 유지한다. 이것이 평생 건강하게 활력을 유지하며 장수하는 비결이다. 장수를 위한 양생법은 다음과 같이 정리할 수 있다.

제철 식재료를 이용하라

기의 균형 즉 평기를 깨뜨리는 원인 중 하나는 봄, 여름, 가을, 겨울이 지닌 기후이다. 바깥 기온이 춥거나 더우면 평기가 깨져 감기에 걸리거나 더위를 먹는다. 이럴 경우 두꺼운 옷을 입기도 하고 얇게 입기도 하지만 먹는 음식을 조절하여 기후 변화에 잘 적응하는 몸을 만드는 것이 우선이다.

추울 때는 뜨거운 생강차 등 따뜻한 성질의 음식을 먹고, 더울 때는 수박 등의 차가운 성질의 음식을 먹는 것이 몸에 좋다. 제철 식품은 천도(天道)에 순응하여 생산되는 먹거리이다. 이들을 활용해서 조리해 먹어야 본상지기가 유지된다. 어린 싹은 봄철, 참외·수박·오이 등은 여름철, 감·밤·고구마·산약 등은 가을철, 꿩·귤 등은 겨울철 식재료이다.

참외나 수박은 성질이 차가워 더운 여름철 식품이고, 생강은 성질이 따뜻하여 겨울철 식품이다. 겨울에 수박을 먹거나 여름에 생강을 먹는 것은 음양 원리에도 위배될 뿐 아니라 본상지기에도 어긋난다.

양념을 활용하여 약선 음식을 만들어라

질병은 인체의 평한 기가 차갑거나 뜨거운 기운으로 치우쳤을 때 생긴다. 기의 불균형은 먹는 식품에 의한 내인적 요소에 추위와 더위 및 스트레스와 같은 외인적 요소가 결합하면서 발생한다. 그러므로 내인적 요소는 평한 음식으로 다스려야 한다.

돼지고기는 차가운 성질의 식재료이다. 아무리 뜨겁게 먹어도 우리 몸에 들어가서 몸을 차게 만든다는 뜻이다. 이럴 경우 양념이 필요하다. 차가운 성질인 돼지고기에 뜨겁거나 더운 성질인 생강, 마늘, 고춧가루, 후추 등을 양념으로 넣어 조리하면 돼지고기 요리가 평하게 된다.

여기서 '양념한다'라는 것은 약(藥)에 해당하는 따뜻한 성질의 돼지고기 재료에 소금(鹽) 등을 넣고 조리한다는 뜻이다.

세계 어느 나라도 우리나라만큼 양념을 건강에 이롭게 활용하는 나라는 없다. 한식에서 양념의 발달은 음식 하나하나를 평하게 해서 약선으로 만들고자 한 노력의 부단한 결과이다.

음과 양의 배합인 국과 밥으로 상을 차린다

식물성 식품은 음이고 동물성 식품은 양이다. 탄수화물과 단백질은 음과 양의 조합이다. 식물성 식품과 동물성 식품을 균등하게 하여 조리하는 것은 음과 양을 배합하여 본상지기를 유지하는 좋은 방법이다.

밥상차림에서 밥과 국이 한 조가 되어야 하는 까닭은 국은 본디 소고기, 닭고기와 같은 수조육류를 주재료로 한 것이며, 밥은 쌀·조와 같은 곡류를 주재료로 한 것으로 음과 양의 결합이다. 밥은 봄처럼 따뜻하게, 국은 여름처럼 뜨겁게 배선한다. 음양의 원리는 먹는 양에도 적용된다. 항상 배부르게 먹으면 양의 상태가 지속되어 균형이 깨진다. 먹은 상태는 양이고 소화되어 음식물이 없어진 상태는 음이다. 마찬가지로 술을 많이 마시면 술이 지닌 양기가 몸에 축적된다. 따라서 차가운 성질을 가진 미나리와 양배추 같은 채소, 메밀과 녹두 같은 곡식, 조개나 오징어 같은 해산물을 먹어 술독을 풀어주면 좋다.

어떠한 음식이든 지나치게 차거나 지나치게 뜨거운 것을 먹으면 병이 생긴다. 펄펄 끓은 물을 컵에 담아 끓인 물의 양만큼 찬물을 부으면 음양탕(陰陽湯)이 된다. 뜨거운 물과 찬물의 음양이 합해진 탕이란 뜻이니 평소 물을 마실 때 음양탕으로 만들어 마셔야 본상지기에 지장이 없다.

5미를 균형 있게 섭취하라

약은 약의 독한 성질을 이용하여 사기(邪氣, 병을 부르는 나쁜 기)를 없애 병을 치료하는 것이다. 반면에 5곡, 5축, 5과, 5채는 오장을 기르고, 오장을 보익하며, 오장을 보조한다. 5곡, 5축, 5과, 5채에 들어 있는 맛에서 신맛은 목(木)에, 쓴맛은 화(火)에, 담백한 맛은 토(土)에, 매운맛은 금(金)에, 짠맛은 수(水)에 속한다. 이들 맛을 골고루 균형 있게 섭취하는 것이야말로 상생 원리에 기초한 섭취 방법이다.

참고문헌
『주역』, 『서경』, 『식료찬요』, 『동의보감』, 『사상초본권』, 『약선으로 본 우리 전통음식의 영양과 조리』(김상보, 수학사, 2012)

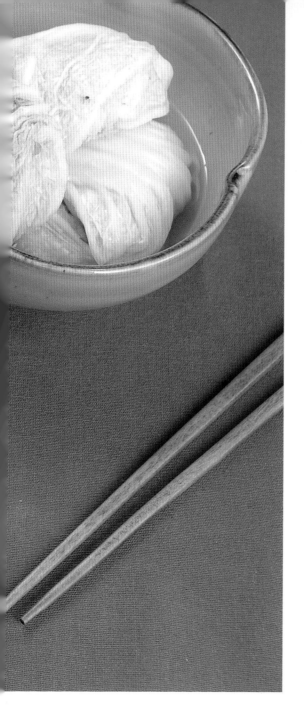

일러두기

『동의보감』에는 "只取一味或作丸或作末或煎湯服丸或末每服二錢煎湯則每五錢凡二十三種"이라는 구절이 있다. 식재료나 약재를 환으로 만들어 먹거나 가루로 먹을 경우 1회에 2전을, 탕으로 먹을 경우 1회에 5전까지 허용된다고 하였다. 당시의 도량형을 적용하면 1전은 4g이므로 환과 가루는 1회에 8g까지, 탕은 20g까지 먹으면 된다.

『동의보감』 원문 번역에서는 조선시대의 도량형 표기법을 적용하였다.

이들 도량형은 다음과 같이 환산된다.

1푼[分] - 1/10전(錢) = 0.4g
1전(錢) - 1/10냥(兩) = 4g
1냥(兩) - 40g
1근(斤) - 16냥 = 640g
1말[斗] - 10되 = 6,000cc = 6ℓ
1되[升] - 10홉(合) = 600cc
1섬[石] - 10말 = 60,000cc = 60ℓ

참고 문헌

김상보, 『조선왕조 궁중연회식 의궤음식의 실제』, 수학사

1부

질병 없이 평생 건강을 지키는 장수 음식

양생과 장수

『동의보감』은 평생 건강을 지키는 양생(養生)의 비결을 담은 의서이다. 양생이란 곧 '양성(養性)'으로 자신의 천성을 잘 길러서 건강을 오랫동안 유지하는 것이라고 했다. 즉 자기 몸에 맞는 식품이나 섭생, 식습관을 잘 헤아려 몸에 맞는 식생활을 평생 실천하는 일이다. 『동의보감』에서는 양성을 기르는 식품으로 둥굴레, 창포, 감국화, 천문동, 지황, 삽주, 토사자, 백초화, 하수오, 송지, 괴실, 잣나무잎, 구기, 복령, 오가피, 오디, 연실, 검인, 잣, 흑임자, 순무씨, 흰죽 등 23가지를 단방으로 만들어 꾸준히 먹으면 건강한 정과 기를 유지해 오래 산다고 하였다. 이들 재료를 환이나 가루로 만들어 먹거나, 물에 넣고 달여서 탕으로 만들어 영양제처럼 먹으면 건강하게 오래 살 수 있다.

둥굴레

黃精

久服輕身駐顔不老不飢根莖花實皆可服之採根先用滾水掉去苦汁
九蒸九曝食之或陰乾搗末每日淨水調服忌食梅實
『동의보감』 「본초(本草)」

오랫동안 먹으면 몸을 가볍게 하고 건강한 안색을 유지하게 한다.
늙지 않게 하고 배고프지 않게 한다. 뿌리, 줄기, 꽃, 열매 모두 먹을 수 있다.
둥굴레 뿌리를 캐서 먼저 끓인 물을 사용하여 흔들어 쓴맛을 제거한다.
이것을 9번 찌고 9번 햇볕에 바싹 말리거나 그늘에 말려 찧어 가루로 만든다.
매일 정수에 타서 먹는다. 이때 매실을 먹어서는 안 된다.

옛날에는 '황정(黃精)'이라고 불린 둥굴레는 백합과의 다년생 식물로 우리나라 북부와 러시아, 중국, 몽골에서 재배된다. 우리가 즐겨 먹는 뿌리 부분은 영양가가 높아 우리 선조들은 흉년이 들면 구황(救荒) 식품으로 먹었다. 둥굴레를 쪄서 엿 강정인 '황정탕 엿'을 만들어 먹기도 했다. 둥굴레를 300일 계속해서 먹으면 귀신을 볼 수 있을 만큼 정기가 맑아지고 신선이 되어 승천한다는 옛이야기도 전해진다.

둥굴레 맛은 달고 독이 없으며 성질은 평하다. 『동의보감』에는 "둥굴레는 태양의 정기를 받은 생약이라서 심신이 피곤하고 허약해지는 것을 보완하며 근육과 뼈를 튼튼하게 하고 정신을 맑게 해준다. 또 간과 신장을 보호하고 정력을 도와 심기를 편안하게 해주는 약이므로 먹으면 몸이 가벼워지고 기운이 나며 장수한다"라고 하였다. 둥굴레는 장기를 보하고 정력 증진에도 좋으며 땀나는 것을 조절하고 해열 작용도 한다. 혈압, 혈당을 조절하고 심장의 수축력을 높여 장기간 복용하면 안색이 좋아지고 피가 맑아진다. 둥굴레와 매실을 함께 먹으면 안 된다. 매실이 가지고 있는 신맛이 둥굴레가 가지고 있는 담백한 맛을 억제하기 때문이다.

둥굴레 별미밥

제료 및 분량

건둥굴레 8g, 물 2컵
멥쌀 2/3컵, 무 50g
소고기(우둔육) 50g

소고기 양념장
간장 2작은술, 다진 파 1작은술
다진 마늘 1/2작은술
깨소금 1/2작은술, 후추 약간
참기름 1작은술

비빔장
간장 1큰술, 다진 파 1작은술
다진 마늘 1/2작은술
통깨 1작은술, 참기름 2작은술

1. 냄비에 건둥굴레와 물을 넣고 끓인다.

2. 1이 끓어오르면 약불에서 뭉근하게 끓여 반으로 줄어들면
   체에 건져 건더기는 버린다. 건둥굴레 물은 밥물로 사용한다.

3. 소고기는 0.3cm 굵기로 채를 썬 다음 양념장으로 버무린다.

4. 쌀은 깨끗하게 씻어 30분 정도 물에 불린 후 체에 건진다.

5. 무는 깨끗하게 씻어 껍질을 벗긴 후 0.5cm 굵기로 채 썬다.

6. 솥에 4의 쌀과 2의 둥굴레 물을 붓고 3과 5를 올려 밥을 짓는다.

7. 비빔장을 만들어 밥에 곁들여 낸다.

둥굴레 가루

재료 및 분량
둥굴레 30뿌리

만드는 방법

1 둥굴레를 캐서 물에 깨끗이 씻어서 끓인 물에 담가 흔들어 쓴맛을 우려낸다.

2 베보자기를 깐 찜통에 1을 올려 김이 오르기 시작하면 불을 약하게 하여 10분 동안 쪄서 식힌다.

3 2를 채반에 널어 햇볕에 바싹 말린다.

4 2와 3의 과정을 8번 더 반복한다.

5 4를 절구에 넣고 찧어서 고운 가루로 만든다.

*
둥굴레 가루를 하루 3회 먹는데 1회에 1½작은술을 물에 타서 먹는다.
둥굴레 가루는 면역력을 높여주며 신장 기능을 강화하여 소변을 잘 보게 한다.
몸이나 손발이 찬 사람은 먹지 않는다.

된장장아찌

둥굴레

재료 및 분량

연한 둥굴레 뿌리줄기 300g, 꿀 1½컵, 집된장 1컵, 꿀 3큰술

참기름 2작은술, 통깨 1작은술

만드는 방법

1. 둥굴레 뿌리줄기를 깨끗하게 씻어 물기를 제거한다.

2. 1을 0.5cm 두께로 어슷하게 썰어 꿀에 2~3시간 정도 재운다.

3. 2를 채반에 밭쳐 꿀을 걸러낸다.

4. 3을 꾸덕꾸덕 건조시킨다.

5. 집된장에 꿀을 섞어둔다.

6. 4를 5에 넣고 버무려 밀폐 용기에 꼭꼭 눌러 담는다.

7. 일주일 후에 6을 꺼내어 참기름, 통깨를 넣고 조물조물 무쳐 먹는다.

✳
둥굴레는 맛으로나 약효로나 인삼과 닮아 선조들은 인삼 대용으로 둥굴레를 많이 애용했다.
둥굴레는 평한 식품이고 맛이 담백하여 짠맛을 가진 된장과 잘 어우러져 된장에 박아 먹으면 풍미가 좋다.
된장 박이 둥굴레 장아찌를 담가도 고소한 일품 요리가 된다.
된장 박이 둥굴레는 피부를 곱게 해주고 기미와 주근깨, 노인 검버섯을 없애준다.
자양 강장, 노화 방지에도 좋다.

菖蒲

창
포

輕身延年不老取根泔浸一宿曝乾末以糯米粥入煉蜜和丸
梧桐子大酒飮任下朝服三十丸夕服二十丸

『동의보감』「본초」

몸을 가볍게 하고 수명을 연장하며 늙지 않게 한다.
뿌리를 채취해서 쌀뜨물에 하룻밤 담갔다가 햇볕에 바싹 말린다.
이것을 찧어서 가루로 만들어 쇠에 올려놓고 끓인 꿀과 찹쌀죽을 넣고 합하여
오동나무씨 크기로 환을 만든다.
술을 임의대로 마시면서 먹는데 아침에 30환, 저녁에 20환을 먹는다.

菖蒲酒方菖蒲根絞汁五斗糯米五斗炊熟細麴五斤拌勻如常釀法酒熟澄淸久服延年益壽神明-

『동의보감』「입문(入門)」

창포술 만드는 법. 창포 뿌리를 비틀어 즙 5말을 만들고 찹쌀 125컵과 합하여 익도록 밥을 짓는다.
누룩을 곱게 빻아 5근을 골고루 섞어 평상시에 술 만드는 법과 같이 한 다음
술이 익어서 맑아진 후 오랫동안 먹으면 신명(神明, 신령)과 통하고 수명이 연장된다.

　　굵고 긴 뿌리줄기를 가진 창포는 연못가나 도랑가에서 주로 자라며 특유의 향이 난다. 우리 선조들은 창포가 병마와 액을 쫓아낸다고 믿어 여러모로 활용했는데, 여자들은 단오절에 창포 삶은 물에 머리를 감고 얼굴을 씻었다. 또 창포 뿌리로 비녀를 만들어 꼽고, 남자들은 허리춤에 차고 다녔다. 말린 꽃잎으로 창포요를 만들어 깔고 자기도 했다. 약재로 쓰는 것은 뿌리줄기이며 방향제의 원료로도 활용된다. 창포 중에서 잎이 길고 좁으며 뿌리가 가는 것을 석창포라고 한다.

　　창포는 몸을 따뜻하게 하는 성질이 있으며 신맛이 난다. 간장과 비장, 심장에 효능이 있으며 환으로 만들어 먹으면 소화불량, 설사, 기관지염이 낫는다. 양의 기운이 강하여 땀이 많은 사람, 정액이 저절로 흘러내리는 사람[精滑者]은 주의해서 먹어야 한다.

창포 이숙탕

*
우리 선조들은 가을과 겨울에 창포 뿌리를 채취하여 털뿌리를 제거한 다음 편으로 썰어 햇볕에 말린 다음
차로, 또 약재로 많이 애용했다. 한겨울에 창포를 따뜻한 차로 마시면 몸이 따뜻해져
감기를 예방할 수 있다. 배를 익혀 만드는 이숙조리법을 활용하면 달콤한
전통 음료를 만들 수 있다. 찬 성질을 가진 배에 생강 몇 쪽을 곁들이면 서로 보하면서 균형이 맞는다.
창포 뿌리와 배와 생강은 모두 가을과 겨울이 제철이기에 함께 먹으면 좋다.

재료 및 분량

창포 뿌리 10g, 쌀뜨물, 물 4컵, 배 1/2개, 생강 3쪽, 꿀 2큰술, 잣 5알

만드는 방법

1. 창포 뿌리는 잔뿌리를 깨끗하게 제거하고 씻어 쌀뜨물에 하룻밤 담가둔다.

2. 1을 건져 얇게 저민 후 햇볕에 바싹 말린다.

3. 돌솥에 물과 2를 넣고 센 불에서 끓이다가 끓어오르면 약불에서 뭉근하게 끓인다.
   물이 반으로 줄어들면 체로 걸러 건더기는 버린다.

4. 배는 껍질을 벗기고 한 입 크기로 토막을 낸 다음 모서리를 다듬는다.

5. 생강은 껍질째 깨끗하게 씻어 얇게 저민다.

6. 돌솥에 3, 4, 5를 넣고 끓인다.

7. 6의 배가 익으면 꿀을 넣고 약한 불에서 끓여
   물이 반으로 줄어들면 그릇에 담고 잣을 띄운다.

창포환

재료 및 분량
창포 뿌리 20개, 쌀뜨물
✽ **찹쌀 죽** | 찹쌀 1컵, 물 8컵
✽ 꿀 1/2컵

만드는 방법

1 창포 뿌리를 깨끗이 씻어 쌀뜨물에 하룻밤 담가둔다.

2 1을 채반에 널어 햇볕에 바싹 말린 다음 절구에 찧어 가루로 만든다.

3 찹쌀은 씻어 물에 충분히 불려 건져서 물기를 뺀다.

4 3을 절구에 빻아 가루를 만든다.

5 바닥이 두꺼운 냄비에 4를 넣고 되직하게 죽을 쑤어 식힌다.

6 달인 철판에 꿀을 올려놓고 끓인다.

7 5에 6의 꿀을 넣고 2를 합하여 섞는다.

8 지름 0.7cm 크기로 환을 빚는다.

✽
창포환은 오장(五臟)의 진기(眞氣)가 부족해서 나타나는 이상 질환을 치료한다.
안색이 노랗게 뜰 때, 치아가 빠지고 눈이 침침하고 어지러울 때, 허리와 다리가 저리고 아프며
사지에 힘이 없을 때, 입이 쓰고 혀가 마를 때 좋다.

감국화 甘菊花

輕信耐老延年苗葉花根皆可服陰乾搗末酒調服或蜜丸久服

『동의보감』「본초」

몸을 가볍게 하고 늙지 않게 하며 장수하게 한다. 감국화의 싹·잎·꽃·뿌리 모두 먹는다.
그늘에 말려 찧어 가루로 만들어 술에 타서 먹거나 꿀을 넣고 환을 만들어 오랫동안 먹는다.

菊花酒方甘菊花生地黃枸杞根皮各五升水一石煮取汁五斗糯米五斗炊熟入細麴和
勻入瓮候熟澄淸溫服壯筋補髓延年益壽白菊花尤佳

『동의보감』「입문」

감국화술 만드는 법. 감국화·생지황·구기자 뿌리껍질(지골피) 각각 5되, 물 1섬을 넣고 다려서
즙 5말을 취하여 찹쌀 5말과 합한 다음 불을 때서 익힌다.
고운 누룩을 화합하여 버무려 항아리에 넣는다. 술이 익어 맑게 되기를 기다린다.
따뜻하게 먹으면 근육과 뼈를 튼튼하게 하며 골수액을 보하고 오래 살게 된다. 흰 국화가 더 좋다.

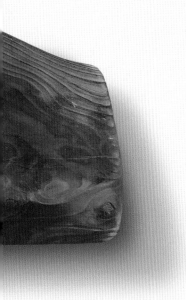

진한 향내를 풍기는 감국화는 주로 산에서 자라는 국화과 식물이다. 10월에 꽃을 말려서 사용하며 어린잎은 나물로도 먹는다. 우리 선조들은 감국화를 말려서 베개 속에 넣고 사용하면 머리가 맑아지고 단잠을 잘 수 있다고 하여 즐겨 사용하였는데, 고려 시대에는 국침이라 하여 베개 속에 꽃을 넣고 비단과 금실로 무늬를 수놓아 사용했다는 기록도 있다.

감국화 맛은 달면서도 쓰며 매운맛도 있고 성질은 차다. 간장, 신장, 폐장을 튼튼하게 한다. 『동의보감』에는 감국화가 소풍(疎風, 풍을 제거), 청열(淸熱, 열을 내림), 평간(平肝, 간에 기가 몰리는 것을 평하게 함), 명목(明目, 눈을 밝게 함), 해독(解毒) 작용을 한다고 하였다. 감국화술을 따뜻하게 해서 먹으면 근육과 뼈가 튼튼해지고 골수액이 채워지며 오래 산다고 하였다. 특히 흰 국화의 효능이 더 좋다고 했다. 10월에 꽃을 따서 그늘에 말려 가루를 내어 오랫동안 복용하면 혈기가 생기고 몸이 가벼워지며 위장이 편안해진다. 감기, 두통, 현기증에도 효능이 있다. 기침이 심할 때 감국을 달여 마시면 완화된다. 단맛이 나는 감국화는 약으로 쓸 수 있지만 쓴맛이 나는 것은 약으로 쓰면 안 된다.

감국화차

감국화, 꿀, 녹말   ＊**곁들임** | 꿀 2큰술, 잣 5알
약수 1컵

1. 활짝 핀 감국화를 따서 꽃자루를 제거한다.
2. 1을 꿀에 적신 후 녹말에 굴려 끓는 물에 살짝 데친다.
3. 약수에 꿀을 타서 2를 넣고 잣을 띄워 낸다.

감국화 가루

재료 및 분량
감국화 잎·꽃·뿌리

만드는 방법
1 감국화의 잎·꽃·뿌리는 채취하여 깨끗하게 씻는다.
2 1을 통풍이 잘 되는 그늘에서 말린다.
3 2를 채반에 넣어 햇볕에 바싹 말린다.
4 3을 곱게 갈아 가루로 만든다.
5 쌀로 만든 청주에 1회에 1½작은술(8g)씩 타서 마신다.

＊
감국화 가루를 즐겨 먹으면 몸의 열을 내리고 독소를 제거하여 두통이 사라지고
눈이 밝아지는 효과를 본다.

재료 및 분량

찹쌀가루 1컵, 물 1/4컵, 소금 1/2작은술
감국화 50g, 식용유 1/3컵, 꿀 1/3컵, 잣 10알

만드는 방법

1. 찹쌀가루에 소금을 넣고 끓인 물을 넣어 익반죽한다. 젖은 면보로 덮어 숙성한다.

2. 감국화의 꽃은 깨끗하게 씻고 꽃받침을 떼어낸 다음 꽃의 물기는 제거한다.

3. 1의 반죽을 조금씩 떼어 직경 5cm 크기로 동글납작하게 빚는다.

4. 팬에 기름을 두르고 3을 한 개씩 올려놓고 지지다가 윗면에 2의 꽃을 보기 좋게 올린다.

5. 4의 한 면이 익으면 뒤집어 익혀낸다.

6. 잣은 한지를 깔고 곱게 다진 후 꿀에 골고루 섞는다.

7. 감국화전을 담아낼 때 6을 함께 곁들인다.

✳
우리 선조들은 봄에 감국화 움싹을 데쳐 먹었고 여름에는 잎으로 쌈을 싸 먹었으며
가을에는 꽃으로 화전을 부쳐 먹고 겨울에는 뿌리를 달여 마셨다.
꽃을 따서 술에 넣어 마시면 은은하고 달콤한 향기에 취한다. 감국 포기 밑에서 나오는 샘물은
국화수라 하여 오래 마시면 얼굴색이 좋아지고 늙지 않으며 풍을 고칠 수 있다고 하였다.
꽃에 맺힌 이슬인 국로수도 효능이 있다 하여 털어 마시기도 하였다.

감국화순나물

재료 및 분량

감국화순 2컵	**나물 양념장**	**마무리 양념**
소금 1작은술	된장 1큰술, 다진 대파 1작은술	깨소금 1작은술
	다진 마늘 1/2작은술	참기름 2작은술
	꿀 1작은술	

1. 끓는 물에 소금을 넣은 다음 감국화순을 넣고 살짝 데친다.
   데친 순은 찬물에 헹군 후 물기를 짠다.
2. 나물 양념장 재료를 합하여 장을 만들어둔다.
3. 2에 1을 넣고 조물조물 무친다.
4. 나물에 양념이 배이면 깨소금, 참기름을 넣고 가볍게 무친다.

*

3월에 감국화의 어린 순과 잎을 따서 나물을 무쳐 먹으면 새콤한 신맛이 봄철 입맛을 돋운다.
꿀을 첨가하여 쓴맛을 보완하면 맛이 한결 편안해진다.

天門冬
천문동

久服輕身延年不飢取根去皮心擣末和酒服或生擣絞汁煎爲膏和酒服
一二匙漢甘始 太原人服天門冬在人間三百餘年

『동의보감』「본초」

오래 먹으면 몸이 가벼워지고 장수하게 한다. 배고프지 않게 한다.
뿌리를 취해서 껍질과 심을 제거하여 찧어서 가루로 만들어 술에 타서 먹는다.
또는 생것을 찧어 짜서 즙을 만든 후 달여서 고를 만들어 1~2 숟가락씩 술에 타서 먹는다.
한나라 때 감시의 태원인이 천문동을 먹고 인간으로 3백여 년을 살았다고 한다.

天門冬酒方取根搗絞汁二斗拌米飯二斗拌細麴如常釀法
候熟取淸飮乾者作末釀之亦可忌食鯉魚

『동의보감』「입문」

천문동 술 만드는 법. 천문동을 찧어서 즙 2말을 내고 찹쌀밥 2말과 고르게 섞어
보통 술 만드는 법으로 담근다.
익기를 기다려 맑은 액체를 취하여 마신다.
천문동 뿌리 말린 것을 가루로 내어 술을 만들어도 된다. 잉어와 함께 먹는 것은 피한다.

천문동은 한반도 남부 바닷가와 산기슭에서 자라는 덩굴성 다년초 식물로 5~6월에 꽃이 피고 9~10월에 열매를 맺는다. 예부터 천문동 뿌리는 용한 선약으로 이름이 높았는데, 3월과 9월에 뿌리를 채취하여 뜨거운 물에 삶거나 술에 찌거나 껍질을 제거한 후 햇볕에 말려 사용했다. 『향약집성방』에는 천문동을 장수의 영약이며 신선이 되는 약이라고 기록했다.

천문동은 달면서도 쓴맛이 나며 신장과 폐에 효능이 있다. 기관지 기능을 활성화하여 담을 제거한다. 비위가 허하여 몸이 차서 설사를 하거나 감기로 기침이 잦은 사람은 먹지 말라고 했으며, 잉어와 함께 먹으면 중독 증세가 나타나 약효가 떨어진다고 했다. 더덕, 지황 등과 같이 먹으면 좋다.

천문동 정과

재료 및 분량

천문동 뿌리 300g, 쌀뜨물, 생강즙 2큰술, 꿀 1½컵, 물

만드는 방법

1. 천문동 뿌리는 생것을 채취하여 깨끗이 씻은 다음 쌀뜨물에 담가둔다.

2. 1을 건져 심을 제거하고 편으로 썬다.

3. 돌냄비에 물을 붓고 끓으면 2를 넣고 데쳐내어 쓴맛을 우려낸다.

4. 3을 다시 돌냄비에 담고 생강즙과 꿀을 넣은 다음 뭉근한 불에서 끓여 졸인다.

5. 천문동 뿌리가 졸여지면 하룻밤 담갔다가 체에 밭쳐 여분의 꿀을 걸러낸다.

천문동 가루

재료 및 분량

천문동 뿌리 1.2kg

만드는 방법

1 천문동 뿌리를 채취하여 껍질과 심을 제거한다.

2 1을 잘게 썬다.

3 2를 채반에 널어 그늘에서 충분히 건조시킨다(수분이 많아서 술에 쪄서 말리기도 한다).

4 3을 곱게 빻는다.

5 4를 고운 체에 내린다.

6 5의 거친 부분은 다시 곱게 빻아 체에 내린다. 이것을 3~4회 반복한다.

7 체에 내린 가루는 1½작은술(8g)씩 술에 타서 먹는다.

＊

천문동 가루를 매일 상용하면 몸에 기력이 붙어 거뜬해지며
1년 이상 오래 먹으면 활력 충만한 몸이 만들어진다. 송진과 꿀을 섞어 알약을
만들어 먹으면 더 좋은데 많이 먹을수록 좋다. 잉어와 함께 먹지 않는다.

천문동 조림

재
료
및
분
량

천문동 뿌리 100g, 쌀뜨물

마늘 2알, 생강 1쪽

조림 양념장

간장 1큰술, 물 1/2컵, 꿀 1큰술

통깨 1작은술, 참기름 2작은술

1. 천문동 뿌리는 깨끗이 씻어 쌀뜨물에 하룻밤 불린다.
2. 1의 속심을 제거한 다음 꾸덕꾸덕 말린 다음 살짝 쪄낸다.
3. 냄비에 2와 마늘, 생강, 조림 양념장(꿀 제외)을 넣고 끓인다.
   끓어오르면 꿀을 넣는다.
4. 3의 양념장이 졸아들고 천문동에 간이 배어들면
   참기름을 두르고 통깨를 뿌린다.

천문동고

재료 및 분량
천문동 뿌리 20kg

만드는 방법
1 천문동 뿌리의 껍질과 심을 제거하고 돌절구에 빻아 즙을 짜낸다.
2 1의 즙이 흘러내리지 않을 정도로 되게 졸여 고를 만든다.
3 천문동고를 1~2 숟가락씩 술에 타서 먹는다.

*
민간에서는 천문동고를 먹으면 흰머리가 검어지고
빠졌던 이가 다시 나올 정도로 좋은 장수 식품이라고 여겼다.
오랫동안 먹으면 천수를 누리게 해주는 식품이다.
잉어와 함께 먹지 말아야 한다

지황 地黃

久服輕身不老採根洗搗絞汁煎令稠納白蜜更煎作丸如梧子空心酒下三十丸日三忌葱蒜蘿蔔勿犯鐵器

『동의보감』「본초」

오래 먹으면 몸이 가벼워지고 늙지 않는다.

뿌리를 캐서 깨끗이 씻어 찧은 후 즙을 짜 무르게 익을 때까지 달인다.

걸쭉해지면 백밀(흰 꿀)*을 넣고 다시 달여 오동나무씨 크기로 환을 만든다.

공복에 30알씩 술과 함께 하루에 세 번 먹는다. 파, 마늘, 무를 먹지 않는다.

쇠그릇을 절대 사용해서는 안 된다.

＊백밀(白蜜)은 겨울에 결정된, 포도당이 많은 흰 꿀로 장을 부드럽게 하고 통증을 완화한다. 해독 및 살충 약재로도 쓰인다.

地黃酒方糯米一斗百度洗生地黃三斤細切同蒸拌白麴釀之候熟取淸飮

『동의보감』「입문」

지황 술 만드는 법. 찹쌀 1말을 100번 씻은 후 잘게 썬 생지황 3근을 합하여 찐다.

흰누룩을 골고루 섞어 술을 빚는다. 익으면 맑은 술을 떠서 마신다.

중국이 원산지인 지황은 약용 식물로 오랫동안 쓰였다. 전체에 짧은 털이 있으며 뿌리는 굵고 옆으로 뻗으며 감색이다. 잎은 긴 타원형으로 6~7월에 연한 자주색 꽃이 피며, 10월에 열매가 익으면 뿌리를 채취해 사용한다. 지황은 뿌리를 약으로 사용하는데, 날것을 생지황, 건조시킨 것을 건지황, 쪄서 말린 것을 숙지황이라고 한다. 일반적으로 보혈, 면역력 강화, 혈압 안정, 항종양 효과가 있다.

생지황은 달면서 쓰고 차가운 성질이 있어서 열을 내리고 소변을 잘 누게 한다. 허약 체질, 코피, 자궁 출혈, 생리불순, 변비에 잘 듣는다. 지황의 즙을 짜서 달인 후 꿀을 넣고 환을 만들어도 좋고, 찹쌀과 섞어 술을 만들어 먹어도 효능을 볼 수 있다. 건지황은 단맛이 있고 성질이 차며, 산후 복통을 멈추게 하고 피부 건조증을 낫게 한다. 숙지황은 단맛이 있고 성질은 미온(약간 따뜻함)한데, 빈혈 치료 효과가 뛰어나며 만성 신장염, 고혈압, 당뇨병, 신경쇠약에 효능이 있으며, 암 치료제로도 쓰인다. 지황 뿌리를 막걸리에 넣고 찐 다음 햇빛에 말리고 다시 찌고 말리기를 9번 되풀이하여 만들어 먹으면 혈맥이 잘 통하고 양기가 보충된다.

돼지갈비찜

숙지황

재료 및 분량

돼지갈비(뼈 길이 5cm) 1kg
숙지황 30g, 감자 2개, 당근 1개
불린 표고버섯 5개

갈비찜 양념장
진간장 6큰술, 꿀 3큰술, 청주 2큰술, 다진 대파 1큰술
다진 마늘 2작은술, 생강즙 2작은술, 배즙 3큰술, 물 1컵
통깨 1작은술, 참기름 1큰술, 후추 약간

1. 돼지갈비는 기름기를 떼어내고 찬물에 담가 핏물을 뺀다.

2. 1의 갈비에 칼집을 넣고 끓는 물에 데쳐낸다.

3. 감자와 당근은 껍질을 벗기고 3cm 크기로 토막을 낸 후 모서리를 다듬는다.

4. 표고버섯은 큰 것은 네 조각으로 썰고, 작은 것은 두 조각으로 썬다.

5. 갈비찜 양념장 재료를 합하여 양념장을 만든다.

6. 돌솥에 2를 담는다.

7. 6에 숙지황과 3, 4를 넣고 양념장의 1/2을 넣고 불에 올린다.

8. 찜의 물이 반으로 줄어들면 나머지 양념장을 넣고 갈비가 무르도록 끓인다.

9. 8의 국물이 자작해지고 갈비와 야채에 양념이 배이면
   참기름을 두르고 후추를 뿌린다.

10. 그릇에 담고 통깨를 뿌려준다.

＊
감자·당근·표고버섯은 평한 성질을 갖고 있고 단맛이 있어서 숙지황 재료와 훌륭한 조합을 이룬다.
또 돼지갈비의 냉한 성질은 숙지황의 온한 성질과 잘 어우러진다.
여기에 간장, 참기름, 후추 등의 양념을 곁들이면 건강에 좋은 맛있고 담백한 고기찜이 완성된다.
숙지황 돼지갈비찜은 간과 신장에 좋으므로 기가 허하거나 피곤한 사람이 먹으면 좋다.

『동의보감』은 몸에 대한 이해를 바탕으로 한
지혜로운 음식 처방을 내놓는다. 오랫동안 선조들이 먹어온
식재료와 약재의 검증된 효능을 기초로
몸을 다스리고 병을 예방·치료하는 양생법을 들려준다.

지황환

재료 및 분량

지황 뿌리, 흰 꿀

만드는 방법

1 지황 뿌리를 깨끗이 씻는다.

  이것을 짓찧어 즙을 낸 다음 무루 녹고 걸쭉해질 때까지 달인다.

2 1에 흰 꿀을 넣고 달인다.

3 2를 오동나무씨 크기로 환을 만든다.

  ✳

지황환은 월경을 촉진하는 통경제와 몸을 보호하는 약제로 쓰면
효능이 있다. 또한 피를 멎게 하는 지혈제로도 사용한다.

지황술

재료 및 분량

생지황 400g, 찹쌀 5컵, 밀 누룩가루 1/2컵, 물

만드는 방법

1 찹쌀은 아주 여러 번 깨끗이 씻는다.

2 생지황은 깨끗이 씻어 물기를 제거하고 잘게 썬다.

3 1에 2를 골고루 합하여 푹 익도록 쪄내어 펼쳐놓고 차게 식힌다.

4 누룩 가루에 3을 넣고 혼합하여 항아리에 담는다.

5 4가 충분히 익어 술이 맑아지면 떠서 마신다.

삽주 朮

煎餌久服輕身延年一名山精神農藥經曰必欲長生常服山精採根泔浸去黑皮炒搗
作末一斤入蒸過茯笭八兩蜜丸服或取汁煎和酒服或煎令稠作丸服忌桃李雀蛤葱蒜蘿薑

『동의보감』「본초」

일명 산정(山精)이라 한다. 삽주를 달여서 오래 먹으면 몸이 가벼워지고 오래 산다.

『신농약경(神農藥經)』에서 이르기를, 반드시 오래 살고자 한다면 평상시에 항상 산정을 먹는다 하였다.

삽주의 뿌리를 캐서 쌀뜨물에 담근 후 검은 껍질을 제거한다.

이것을 볶아 찧어서 가루로 1근을 만들어 시루에 담아 쪄서 식힌 다음 복령 8냥과 꿀을 넣어서 환을 만들어 먹는다.

또는 즙을 취해서 달여 술과 함께 먹거나 무르게 달여 환을 만들어 먹는다.

복숭아, 오얏, 참새, 조개, 파, 마늘, 무는 피한다.

仙朮湯服延年明目駐顔輕身不老蒼朮十九兩二錢棗肉六升杏仁二兩四錢乾薑炮五
錢甘草炙五兩白鹽炒十兩石細末每二錢沸湯點服空心

『동의보감』「국방(局方)」

선출탕. 항상 먹으면 오래 살게 한다. 눈을 밝게 하며 얼굴색이 젊게 유지되고 몸을 가볍게 한다.

늙지 않게 한다. 창출 19냥 2전, 씨를 제거한 대추 6되, 살구씨 2냥 4전, 싸서 구운 건강(마른 생강) 5전,

구운 감초 5냥, 볶은 흰 소금 10냥 이상, 이 모두를 곱게 가루로 만들어 매번 2전씩 끓인 물에 타서 공복에 먹는다.

산정이라고도 불리는 삽주는 굵은 뿌리를 가지고 있는 여러해살이풀로 산지의 건조한 곳에서 잘 자란다. 봄철에는 잎을 데쳐서 나물로 무치거나 생으로 쌈을 싸서 먹는데 맛이 매우 좋다. 약재로는 2~3년 생 뿌리줄기를 쓴다. 겨울이 되기 전 잎이 마르기 시작할 때 채취하여 햇볕에 말려 사용한다. 삽주 뿌리를 가루 내어 먹거나, 오래 달여 고를 만들어 꾸준히 먹으면 몸이 가벼워지고 온갖 병이 사라져 장수한다. 옛이야기에 102살이나 되는 노인이 삽주 뿌리를 상시 복용하여 청년과 다름없는 외모를 유지했다고 한다.

쓴맛과 단맛을 함께 가지고 있고 따뜻한 성질을 가진 삽주는 비위를 튼튼하게 하고 설사와 이질을 치료한다. 위가 약한 사람은 삽주 뿌리를 먹으면 위장 기능이 크게 개선된다. 삽주 뿌리를 볶아 찧어서 꿀을 섞어 환을 만들거나 즙을 달여 먹는 것이 좋다.

삽주 식혜

삽주 뿌리 100g, 쌀뜨물, 물 10컵

생강 30g, 멥쌀 3컵

엿기름 물 엿기름 3컵, 물 10컵

감미 꿀

고명 잣 약간

1. 삽주 뿌리는 쌀뜨물에 1~2일간 담가 쓴맛을 우려낸다. 이때 쌀뜨물을 한두 번 갈아준다.

2. 솥에 1의 삽주 뿌리, 생강, 물을 넣고 끓인다. 끓으면 불을 약하게 하여 뭉근하게 끓인다.

3. 2의 물이 반으로 줄어들면 건더기는 걸러내고 맑은 물을 받아둔다.

4. 엿기름은 물에 담가 충분히 불린 후 여러 번 문질러 고운 베보자기에 거른다.
   엿기름 물을 가만히 두었다가 윗물만 따라내어 사용한다.

5. 멥쌀은 고슬고슬하게 지에밥을 지어놓는다.

6. 3, 4, 5를 섞어 보온밥통에 넣는다(60~65℃ 유지).
   이때 3, 4의 물은 보온밥통의 온도로 데워서 지에밥을 섞으면 좋다.

7. 4~5시간 지나면 밥알이 7개 정도 떠오른다.

8. 7을 솥으로 옮겨 담고 끓인다. 떠오르는 거품은 깨끗하게 건져낸다.
   식성에 따라 꿀을 넣으면 좋다.

9. 8을 시원하게 식혔다가 잣을 띄워 담는다.

＊

단맛과 쓴맛을 함께 가지고 있는 삽주는 조리할 때 쓴맛을 완화하면 더 맛있고 건강하게 즐길 수 있다.

삽주 식혜는 엿기름과 지에밥을 이용한 것으로 자연의 단맛이 일품이다.

편육 삽주 돼지고기

재료 및 분량

삽주 가루 30g

편육용 재료
돼지고기(목살 덩어리) 1kg
대파 1뿌리, 마늘 10알, 된장 1큰술
통후추 10알, 청주 1/2컵

편육 쌈장
삽주 가루 1작은술, 된장 4큰술
고추장 1큰술, 꿀 2큰술
깨소금 2작은술, 참기름 1큰술

만드는 방법

1. 돼지고기는 찬물에 담가 핏물을 뺀 다음 끓는 물에 데친다.
2. 찜솥에 삽주 가루와 2의 돼지고기 및 편육용 재료를 넣고
   잠길 만큼 물을 부어 끓인다.
   끓어오르면 불을 낮추고 고기가 푹 무를 때까지 삶는다.
3. 2의 고기를 소쿠리에 건져 한 김 식힌 후 얇게 썬다.
4. 쌈장 재료를 골고루 섞어 양념장을 만든다.
5. 수육을 쌈장에 찍어 먹는다.

✻

『동의보감』「탕액」편에는 돼지고기는 물의 성질을 가지고 있는 '수축(水畜)'이라 하였다.
의서인 『황제내경』의 「영추(靈樞)」 편에서는 몸 안에 수습(水濕, 병의 원인이 되는 물질)이 고여
얼굴과 눈, 팔다리, 가슴과 배, 심지어 온몸이 붓는 수종 질환에는 삽주를 먹으면 좋다고 하였다.
삽주와 돼지고기를 함께 먹으면 질병의 원인이 되는 나쁜 습을 제거할 수 있다.
돼지고기는 차가운 음식으로 따뜻한 음식과 함께 먹으면 몸의 기운을 조화롭게 유지할 수 있다.
조리 시 돼지고기 양이 삽주보다 많으므로 따뜻한 성질의 양념 재료를 추가하면 좋다.

선출탕

재료 및 분량

삽주 뿌리 76.8g, 쌀뜨물, 대추육 1½컵, 살구씨 9.6g, 생강 2g
감초 20g, 소금 40g, 끓인 물

만드는 방법

1 삽주 뿌리를 깨끗이 씻은 다음 쌀뜨물에 잠기도록 담근다.

   1~2일 간 쌀뜨물을 갈아주며 쓴맛을 우려낸다.

2 담근 뿌리는 검은 껍질을 제거하여 잘게 썰어 볶아 찧어서

   가루로 만든다. 이것을 시루에 담아 찐다.

3 대추는 씨를 제거하여 살을 발라 대추육을 만든다.

4 생강은 구워서 껍질을 벗긴다.

5 감초도 구워낸다.

6 소금은 볶는다.

7 위에서 준비한 모든 재료를 곱게 가루로 만든다.

8 먹을 때마다 8g씩 끓인 물에 타서 공복에 마신다.

✳

감초는 약간 냉한 성질이 있는데 굽기[炙] 과정을 거치면 따뜻한 성질로 변한다.
선출탕(仙朮湯)을 오랫동안 먹으면 몸이 가벼워지고
오래 살며 눈과 얼굴색이 밝아지고 늙지 않는다.

산정환

재료 및 분량

삽주 뿌리 128g, 복령 가루 64g, 쌀뜨물, 꿀

만드는 방법

1 삽주 뿌리를 캐서 깨끗이 씻은 다음 쌀뜨물에 잠기도록 담근다.

   1~2일간 쌀뜨물을 갈아주며 쓴맛을 우려낸다.

2 담근 뿌리는 검은 껍질을 제거한다.

3 2를 잘게 썰어 볶아 찧어서 가루로 만들어 시루에 담아 찐다.

4 3에 복령 가루를 골고루 혼합한 후 잘 뭉쳐지도록 꿀을 넣어 농도를 조절한다.

5 4를 오동나무씨 크기로 환을 빚는다.

✳

몸이 무겁고 머리가 어지러울 때, 소화가 안 되고 메스꺼울 때 산정환을 먹으면 좋다.
하루 3회 먹는데, 1회에 2~3알을 먹는 것이 적당하다.

토사자
兎絲子

久服明目輕身延年酒浸曝乾蒸之如此九次搗爲末每二錢空心溫酒調服一日二次

『동의보감』「본초」

오래 먹으면 눈이 밝아지고 몸이 가벼워지며 오래 산다.

술에 담근 후 햇볕에 말려 찌는데 이와 같이 9번을 찐다.

찧어서 가루로 만들어 매일 2전(7.5g)을 빈속에 따뜻한 술에 타서 먹는다. 하루에 두 번 먹는다.

　　'새삼씨'라고도 불리는 토사자는 메꽃과의 한해살이 덩굴식물인 새삼의 씨앗이다. 특이하게도 새삼은 칡이나 쑥 등에 기생하여 양분을 흡수하기에 땅속에 뿌리도 없고 엽록소도 없다. 흰색의 작은 꽃이 7~8월경에 피며 들깨만 한 갈색 열매가 맺힌다. 그것을 토사자라고 하는데, 뼈가 부러진 토끼가 열매를 먹고 나았다고 해서 붙여진 이름이라고도 하고, 싹이 트고 뿌리를 내리는 모습이 토끼와 비슷하다고 하여 붙여졌다고도 한다.

　　토사자의 맛은 맵고 달며 성질은 따뜻하다. 간장, 비장, 신장에 효능을 보인다. 토사자는 양기를 돕는 삼의 한 종류로 선조들은 "땅에 인삼이, 바다에는 해삼이, 하늘에는 새삼(토사자)이 있다"라고 할 정도로 귀하게 여겼다. 『동의보감』에는 "정력에 좋고 원기를 북돋우며, 오랫동안 먹으면 허리 통증과 무릎 시린 증상이 낫고 당뇨에도 효과가 있다"라고 했다. 또 눈이 맑아지고 몸이 가벼워지며 장수하는 식품이라고도 했다. 가루로 만들어 먹거나 환을 만들어 먹는 것 모두 좋다. 민간에서는 토사자를 먹으면 정력이 불처럼 타오른다고 해서 '화염초'라고도 했고, 젊고 예뻐진다고 하여 '옥녀초'라고 부르기도 했다.

토사자 장어구이

재료 및 분량

장어 2마리, 소금 1작은술

토사자 가루 2/3큰술, 밀가루 1/4컵

식용유 1/3컵

구이용 양념장

토사자 가루 1작은술, 고추장 2큰술

간장 1큰술, 배즙 2큰술, 꿀 2큰술, 생강즙 1큰술

대파 1/2뿌리

다진 마늘 2큰술, 물 1/3컵

1. 장어는 배를 가르고 내장을 제거한 다음 깨끗하게 씻은 후 물기를 뺀다.

2. 1에 소금을 뿌려 밑간을 한다.

3. 토사자 가루와 밀가루를 골고루 섞는다.

4. 2의 장어에 3의 가루를 골고루 묻힌다.

5. 팬에 식용유를 두르고 4가 충분히 익도록 지져낸다.

6. 속이 깊은 냄비에 구이 양념장 재료를 넣고 끓인다.

7. 6이 끓어오르고 농도가 걸쭉해지면 5를 넣고 재빨리 버무려낸다.

* 장어는 몸에 양기를 돋우고 기 순환을 원활하게 한다.
차가운 성질을 가지고 있으므로 너무 많이 먹어서는 안 되며, 설사를 하는 사람이나
임산부는 먹지 않는 것이 좋다.
하지만 토사자 가루를 장어에 묻혀서 구우면 차가운 성질이 완화된다.

토사자 현미밥

＊

토사자는 따뜻한 물에 불리면 부풀어 오르기 때문에 밥을 짓기 전에 불리지 않는 것이 좋고, 현미는 충분히 불린다.
현미의 거친 식감과 토사자가 어우러지면 부드러운 식감이 일품이다.
토사자로만 밥을 지어 베보자기에 넓게 펴서 바싹 말린 다음 가루로 만들어 먹어도 된다.
『산림경제(山林經濟)』에는 문 밖에도 못 나가는 풍질 환자가 기근에 밥을 못 먹는 대신 토사자 밥을 지어 먹어
오랜 병을 치료하고 기력을 되찾았다는 이야기가 있다.
토사자는 열이 많은 사람이 한꺼번에 많이 먹으면 종기나 부종이 생길 수 있으므로 유의한다.

토사자 100g, 현미 1/2컵, 물 2컵

청주 2큰술

1. 토사자는 돌을 일어내고 깨끗이 씻는다.

2. 현미는 깨끗이 씻어 하룻밤 불린다.

3. 솥에 1과 2를 넣고 청주와 물을 부어 밥을 짓는다.

   끓어오르면 불을 줄이고 토사자와 현미가 푹 무르도록 끓인다.

4. 3의 밥물이 잦아들면 뜸을 충분히 들인다.

토사자 가루

재료 및 분량

토사자, 청주

만드는 방법

1 과실 성숙기에 채취한 토사자를 돌을 일고 깨끗이 씻어 완전히 말린다.

2 토사자를 청주에 담근다.

3 2를 건져 햇볕에 말린다.

4 3을 찜솥에 넣고 찐다.

5 3과 4의 과정을 9회 반복한다.

6 5를 곱게 찧어 가루를 만든다.

7 청주를 중탕으로 데운다.

8 6을 8g씩 준비하여 빈속에 청주와 함께 먹는데 하루에 2회 섭취한다.

하수오

何首烏

久服黑髮髭精髓延年不老忌葱蒜蘿薑無鱗魚勿犯鐵器

『동의보감』「본초」

오래 먹으면 수염과 머리털을 검게 하고 정과 골수를 더하며 오래 살고 늙지 않는다.
파, 늘, 무, 비늘 없는 생선은 피한다. 쇠그릇을 절대 사용해선 안 된다.

取根米泔浸軟竹刀刮去皮切作片黑豆汁浸透陰乾却用甘草汁拌晒乾擣爲末酒服二錢或蜜丸服之
何首烏丸延年盆壽取一斤泔浸晒乾切片以初男乳汁拌望一二次擣末棗肉和丸梧子大初
服二十丸日加十丸毋過百丸空心溫酒鹽湯下此藥非陽虛甚者不可單服

『동의보감』「입문」

뿌리를 캐서 쌀뜨물에 담가 부드러워지면 대나무 칼로 긁어 껍질을 제거한다.
편으로 잘라 검은콩즙에 담갔다가 콩물이 스며들면 그늘에 말린다.
감초즙을 섞어서 맛을 눌러주고 햇볕에 말린 후 찧어서 가루로 만든다.
술과 함께 2전을 먹는다. 혹은 꿀로 환을 만들어 먹는다. 하수오환은 오래 살게 한다.
1근을 취해서 쌀뜨물에 담갔다가 햇볕에 말려 편으로 자른다.
이것을 첫아들을 낳은 산모의 유즙과 섞어 다시 햇볕에 말리기를 한두 번 한다.
찧어서 가루로 만들어 씨를 뺀 대추육과 섞어서 오동나무씨 크기로 환을 만든다.
첫날에는 20알을 먹고 날마다 10알씩 추가해서 먹는데 모유를 분비하는 여자는 100알을 넘지 않도록 한다.
공복에 따뜻한 술과 소금을 넣고 끓인 물과 함께 먹는다.
또한 양기가 심히 허한 사람이 아니면 한꺼번에 먹는다. 양기가 심히 허한 자는 여러 번에 나누어 먹는다.

중국이 원산지인 하수오는 우리나라 산야에 야생하는 강인한 식물로 특이하게도 덩이뿌리에 암수 구별이 있다. 흰 것은 암이고 붉은 것은 수로, 낮에는 따로 있다가 밤에 암수 줄기가 꼬여 있다. 중국의 하전이라는 사람이 하수오 뿌리를 먹고 젊어져서 아들을 낳았는데 이 아들도 하수오 뿌리를 먹고 130세가 넘도록 검은 머리를 유지했다고 한다. 그를 사람들이 하수오라 부르기 시작하면서 '하수오'라는 이름이 생겼다고 한다.

하수오는 쓴맛이 있으면서도 달고 떫은맛도 나며 따뜻한 성질이다. 『동의보감』에는 하수오를 먹으면 정(精)과 골수가 채워지고 머리카락이 검어지며 장수한다고 했다. 또 폐와 신장을 튼튼하게 하며 여자들이 오래 먹으면 임신할 수 있는 건강한 몸이 된다. 하수오의 효능은 항노화, 면역력 증강, 부신피질 기능 촉진, 콜레스테롤 감소, 간 보호 등이다.

흑임자죽
하수오

하수오 30g, 물 7컵

흑임자 4큰술, 멥쌀 1컵, 소금, 꿀

1. 하수오를 깨끗하게 손질하여 물에 하룻밤 담가둔다.

2. 1의 하수오를 돌냄비에 넣고 물을 붓고 끓이다가 끓어오르면
   약불로 물이 절반으로 줄어들 때까지 끓인다.

3. 2에서 하수오는 걸러내고 맑은 물만 사용한다.

4. 흑임자는 깨끗하게 씻어 돌을 일어내고 절구에 넣어 곱게 빻는다.

5. 멥쌀은 깨끗이 씻어 3시간 이상 불린 후 절구에 빻는다.

6. 돌솥에 3과 5를 넣고 끓이다가 끓어오르면 약불에서 뭉근하게 더 끓인다.

7. 6이 퍼지기 시작하면 4를 넣고 골고루 저어준다.

8. 7에 소금을 넣고 간을 한다. 식성에 따라 꿀을 넣는다.

＊
흑임자는 검은 참깨를 말한다. 늙지 않게 하고 생명을 연장시키는 곡식의 왕이다.
지방 성분이 많은 까닭에 대변이 너무 무르거나 설사가 잦은 사람은 양을 조절하여 먹는 게 좋다.

하수오계탕

재료 및 분량

건하수오 5g, 물 10컵

오골계 1마리(600g), 대추 3개, 황률 3개

소금, 후춧가루 약간

만드는 방법

1. 삼베주머니에 건하수오를 넣는다.

2. 돌솥에 1을 넣고 물을 부은 다음 40분 정도 끓인다.

3. 오골계는 내장을 제거하고 깨끗하게 씻는다.

4. 2의 하수오 끓인 물에 3의 오골계와 대추, 황률을 넣고 끓인다.

5. 4의 오골계가 부드럽게 익으면 뚝배기에 담고 국물을 붓는다.

6. 소금과 후춧가루를 곁들여 낸다.

＊
오골계는 몸 전체가 까만 닭으로, 단맛과 신맛을 가지고 있으며, 약성이 다른 두 가지 종류가 있다.
수탉 오골계는 약간 따뜻한 성질[微溫]을 갖고 있으며 심통, 위통과 허약함을 다스린다.
암탉 오골계는 따뜻한 성질[溫]을 갖고 있으며 뼈마디가 저리고 아픈 증세[風濕痺]와 허약함을
다스린다. 하수오계탕에 사용되는 오골계는 암수 어떤 것을 사용해도 무방하다.
『동의보감』에는 하수오로 음식을 만들 때는 쇠그릇을 사용하면 약효가 떨어진다고 했으며
파, 마늘, 무, 비늘 없는 생선과 함께 조리하는 것도 피하라고 했다.

하수오 가루

재료 및 분량
하수오 뿌리, 쌀뜨물, 검은콩즙, 감초즙, 대추

만드는 방법
1 하수오 뿌리를 캐서 잘 다듬은 다음 쌀뜨물에 담근다.
　하수오는 쇠그릇을 사용하면 안 되므로 목제와 플라스틱 그릇을 쓴다.
2 1의 하수오가 부드러워지면 대나무 칼로 긁어 껍질을 제거하고 편으로 자른다.
3 2를 검은콩즙에 담근다. 콩물이 스며들면 건져 그늘에서 말린다.
4 3이 마르면 다시 감초즙에 섞어 햇볕에 말린다.
5 4가 바싹 마르면 곱게 빻아 가루로 만든다.
6 대추는 씨를 제거하고 팬에 볶는다. 바싹 볶아지면 빻아서 가루로 만든다.
7 하수오 가루와 대추 가루를 동량으로 섞어 술과 함께 1½작은술을 먹는다.
　혹은 5와 6에 꿀을 합하여 환을 만들어 먹는다.

＊

『동의보감』 등의 전통 의서에는 하수오를 자양 강장에 좋은 약재로
소개하는데, 그 효능은 혈기를 더하고 정기와 골수를 보익하며, 모발을 검게
하고 뼈와 관절을 튼튼하게 하며, 노화를 방지하여 수명을 연장한다는 것이다.
하수오는 양생[養生, 건강하게 오래 사는 것], 양노[養老, 건강하게 나이 드는
것], 양정[養精, 정(精)을 잘 다스리는 것]에 좋은 대표적인 약재이다.

하수오환

재료 및 분량
하수오 64g, 쌀뜨물, 산모의 유즙, 대추육

만드는 방법
1 하수오를 깨끗이 다듬어 쌀뜨물에 하룻밤 담갔다가 햇볕에 말린다.
2 1을 편으로 얇게 썬다.
3 2를 첫아들을 낳은 산모의 유즙과 섞은 후 다시 햇볕에 말린다.
4 3의 과정을 2~3회 반복한다.
5 4의 바싹 마른 하수오를 찧어서 곱게 가루를 만든다.
6 대추는 씨를 빼고 바싹 볶아 절구에 넣어 빻는다. 곱게 빻은 후 5와 섞는다.
7 6이 잘 뭉쳐지면 조금씩 떼어 오동나무씨 크기로 환을 만든다.

솔잎 松葉

服葉法取葉細切更研酒下三錢亦可粥飲和服亦可以炒黑大豆同搗作末溫水調服更佳

『동의보감』「속방(俗方)」

솔잎 먹는 법. 잎을 취해서 곱게 잘라 다시 갈아 술과 함께 3전을 먹으면 역시 좋다.
죽과 합해서 먹어도 좋다. 또 볶은 검은콩과 합하여 찧어 가루로 만들어서
따뜻한 물에 타서 먹으면 더욱 좋다.

　　소나무는 한반도를 중심으로 일본과 만주, 중국 요동반도 지역까지 분포하며, 서구에서는 자라지 않는다. 우리나라 나무 중에서 가장 넓은 분포 면적을 가지고 있고, 개체수도 가장 많다. 우리나라 소나무는 몇 가지 변종 및 품종이 있다. 소나무 잎(솔잎)은 바늘모양으로 짧은 가지 끝에 2개씩 뭉쳐 나며, 밑부분은 엽초(葉鞘, 입깍지)에 싸여 있다가 이듬해 가을 엽초와 함께 떨어진다. 꽃은 암수가 한 나무에서 5월에 핀다. 소나무는 우리 민족에게 매우 유익한 나무로, 송기(松肌, 속껍질), 송지(松脂, 소나무 진액), 송절(松節, 가지와 줄기), 송근(松根, 뿌리), 송엽(松葉, 솔잎), 송화분(松花粉, 꽃가루), 송자(松子, 솔방울) 등 거의 모든 부분이 식재료나 약재로 사용된다.

　　예부터 소나무는 민간요법으로 쓰이는 훌륭한 약재였다. 솔방울은 허약하고 숨 쉴 기운조차 없을 때 약재로 쓰면 좋고, 솔잎은 머리카락을 나게 하고 오장을 편안하게 해주며, 소나무 마디(송절)는 다리가 저리거나 뼈마디가 아픈 증상을 낫게 하고, 꽃가루(송화)는 몸을 가볍게 하며, 소나무 뿌리의 속껍질(송근백피)은 배고프지 않게 하고 기를 보하여 기근에 식량으로 쓰이기도 했다.

　　솔잎은 따뜻한 성질을 가지고 있으며 쓴맛이 난다. 심장과 비장에 효능을 보인다. 『동의보감』에는 솔잎의 효능을 "풍습창(風濕瘡), 풍사(風邪)와 습사(濕邪)로 인해 뼈마디가 저리고 아픈 병을 낫게 하고 머리카락을 나게 하며 오장을 편하게 하여 식량 대용으로 쓴다"라고 하였다. 또한 『본초강목(本草綱目)』에는 "솔잎을 생식하면 종양이 없어지고 머리카락이 나며 오장을 편안하게 하여 오랫동안 먹으면 불로장수한다"라고 하였다.

솔잎 콩죽

재료 및 분량

솔잎 12g, 검은콩 2큰술

멥쌀 1/4컵, 참기름 1큰술, 소금 약간

만드는 방법

1. 솔잎은 깨끗하게 씻은 다음 그늘에서 말린다.
2. 검은콩은 물에 불렸다가 볶아 익힌다.
   분쇄기에 1의 솔잎과 검은콩을 넣고 곱게 갈아 가루로 만든다.
3. 멥쌀은 3시간 정도 불린 후 거칠게 빻아둔다.
4. 돌솥에 참기름을 두르고 3을 넣고 볶는다. 참기름이 쌀알에 흡수되면 물을 3컵 정도 붓고 끓인다.
5. 4가 끓어오르면 불을 낮추고 뭉근하게 끓인다. 여기에 2의 가루를 넣는다.
6. 쌀알이 퍼지기 시작하면 소금으로 간을 한다.

솔잎 먹는 법 1

재료 및 분량
솔잎, 청주

만드는 방법
1 깨끗하게 씻은 솔잎을 잘게 자른다.
2 1을 곱게 갈아 청주와 함께
   12g을 먹는다.

솔잎 먹는 법 2

재료 및 분량
솔잎, 쌀죽

만드는 방법
1 깨끗하게 씻은 솔잎을 잘게 자른다.
2 1을 곱게 갈아 12g을
   죽과 함께 먹는다.

솔잎 먹는 법 3

재료 및 분량
솔잎, 검은콩

만드는 방법
1 깨끗하게 씻은 솔잎을 잘게 자른다.
2 볶은 검은콩에 1을 합하여 찧어
   곱게 가루를 만든다.
3 따뜻한 물에 2의 가루 12g을 타서
   마신다.

＊
우리 선조들은 솔잎을 구황 식품으로 먹었다.
솔잎 가루를 넣어 흰죽을 쑤어 먹으면 위장을 보호하고 기력을 찾는다고 하였다.
하지만 솔잎 가루가 변비를 유발했기에 느릅나무 껍질을 우려낸 물이나 가루를 함께 먹었다.

솔잎차

재료 및 분량

솔잎 100g, 물 5컵

만드는 방법

1. 채취한 솔잎은 깨끗하게 씻은 다음 물기를 제거한다.

2. 솔잎을 2cm 크기로 자른다.

3. 돌냄비에 2를 넣고 약한 불에서 덖는다.

4. 3이 뜨거워지면 밖으로 덜어내어 열기를 식혀준다.
   타지 않게 볶고 식히기를 9번 반복한다.

5. 돌냄비에 볶은 솔잎 1작은술을 넣고 분량의 물을 끓여 한 김 식힌 후 찻잔에 붓는다.

6. 5에서 솔잎의 향과 색이 우러나오면 천천히 마신다.

柏葉

잣나무잎

久服除百病延年益壽取葉陰乾爲末蜜丸小豆大酒下八十一丸服一年延十年命二年延二十年命忌食雜肉五辛

『동의보감』 「본초」

오래 먹으면 모든 병을 제거하고 오래 산다.

잎을 따서 그늘에 말려 가루로 만든 다음 꿀을 넣고 환을 팥알 크기로 만든다.

술과 함께 81환을 먹는다. 1년을 먹으면 수명이 10년 연장되고 2년을 먹으면 수명이 20년 연장된다.

잡육, 오신(五辛, 부추·마늘·자총이·평지·무릇)과 함께 먹는 것을 피한다.

까치[鵲·작]가 좋아한다고 하여 잣나무라는 이름이 붙었다. 잣나무는 '신라송'이라고도 불렸는데, 중국 사신들이 귀국할 때 신라의 잣을 많이 가져다가 팔아 '신라송자'라고 부르기 시작했고 이내 신라송이라는 이름이 되었다. 잎이 5개씩 난다고 하여 '오엽송'이라고도 한다. 꽃은 한 나무에 암수가 모두 달리는 것이 특징이며, 붉은빛을 띠다가 꽃가루가 나오면 붉은 노란색으로 변한다. 열매는 솔방울 모양으로 9~10월에 녹갈색으로 익어 마름모꼴의 열매가 영근다.

잣나무 잎의 맛은 씁쓸하고 떫으며 무독하다. 성질은 차다. 간, 대장, 비장, 폐에 효능을 발휘한다. 차로도 마시고 환으로도 만들어 먹는데 혈(血)을 식혀주고 담을 제거하며 기침을 멈추게 하고 지혈 작용을 한다. 감기 들거나 아이가 설사나 이질에 걸리면 생것 50g을 물 300㎖에 달여서 마시면 호전된다. 『지봉유설(芝峰類說)』에는 잣나무 잎을 약재로 오래 먹으면 건강해진다고 했다.

柏葉茶取東向柏葉置甑中飯上蒸之以水淋數過陰乾每日煎服
『동의보감』「입문」

백엽차. 동쪽으로 뻗은 잣나무 잎을 골라 시루 속 밥 위에 올리고 찐다. 이 잣나무 잎을 물에 몇 차례 담갔다가 그늘에 말려 매일 달여 마신다.

잣잎 다식

재료및분량

잣잎 30g, 잣 3큰술, 꿀 3큰술, 참기름 약간

1. 잣은 곱게 다져 가루로 만든다.

2. 잣잎 가루와 1을 함께 섞는다.

3. 2에 꿀을 넣고 섞어 덩어리로 뭉쳐지면 손으로 비벼준다.

4. 3을 손으로 반죽한다.

5. 모양 틀이 작은 다식판에 참기름을 골고루 바르고
   4를 꼭꼭 눌러 찍어낸다.

6. 식사 후에 작은 다식 1개를 후식용으로 섭취하면 좋다.

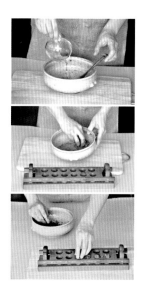

＊
잣잎 가루 만드는 법
잣잎을 따서 그늘에 바싹 말려 가루를 내면 된다.

＊
담백한 맛을 지닌 잣은 우리 몸을 따뜻하게 해주는 성질이 있다.
고대 문헌에는 우리나라 잣의 품종이 뛰어나 삼국시대 때 이미 중국에 보내는 귀한 선물로 유명했으며,
특히 금강산 잣이 유명하다고 기록하고 있다.
뼈마디가 아프고 시리거나(骨節風), 풍을 맞았을 때, 현기증이 날 때 쓰이는 약재이기도 하며,
오장을 살찌우고 피부 미용에 좋은 훌륭한 식자재이다.
잣잎 다식은 찬 성질의 잎과 따뜻한 성질의 잣, 꿀이 결합하여 조화롭게 먹을 수 있는 찬품이다.

잣나무잎차

재료 및 분량

잣나무 잎 50g, 멥쌀, 물 1½

만드는 방법

1. 동쪽으로 뻗은 잣나무 잎을 따서 깨끗하게 씻는다.
2. 시루에 멥쌀을 안치고 그 위에 손질한 잣나무 잎을 올리고 쪄낸다.
3. 쪄낸 잣나무 잎을 물에 3~4회 헹군 후 물기를 뺀다.
4. 3을 그늘에서 말린다.
5. 말린 잣나무 잎에 물을 넣고 달여 매일 차로 마신다.

잣나무잎환

재료 및 분량

잣나무 잎 300g, 꿀 1½~2컵

만드는 방법

1 동쪽으로 뻗은 잣나무 잎을 따서 깨끗하게 씻는다.
2 시루에 멥쌀을 안치고 그 위에 손질한 잣나무 잎을 올려놓고 쪄낸다.
3 쪄낸 잣나무 잎을 물에 3~4회 헹군 후 물기를 뺀다.
4 3을 그늘에서 말린다.
5 마른 잣나무 잎을 가루로 만들어 꿀을 넣고 골고루 섞는다.
6 5를 팥알 크기의 환으로 만든다.

* 잣나무잎환을 술과 함께 2~3알(8g)씩 하루에 3회 먹는다.

*

『동의보감』「입문」에는 잣나무 잎을 달여 복용하는 처방을 '단백엽전(單栢葉煎)'이라고 하였는데,
어혈을 없애고 새살을 돋게 하며 양혈 및 이뇨작용을 한다.
명나라 시대의 의서 『의학입문(醫學入門)』에는 단백엽전이 피부 재생, 혈액 순환에 좋다고 하였지만
한꺼번에 많이 먹지 말라고 하였다.

枸杞子
구기자

久服輕身不老耐漢署令人長壽枸杞當用莖皮地骨當用根皮枸杞子當用其紅實子及葉同
功根莖葉子皆可服嫩葉作羹作蘿可常服皮及子作末蜜丸常服亦可酒浸服金
髓煎取紅熱枸杞子酒浸兩月漉出研爛以布濾去滓取汁幷前浸藥酒於銀石器
內熟成膏每日溫酒下二大匙日二次久服可以羽化

『동의보감』「본초」

오랫동안 먹으면 몸이 가벼워지고 늙지 않는다. 추위와 더위를 잘 이겨내고 오래 산다.
구기는 줄기의 껍질, 지골은 뿌리의 껍질이다. 구기자는 홍색의 열매이다. 잎도 같은 효과가 있다.
뿌리, 줄기, 잎, 씨 모두 먹을 수 있다. 연한 잎으로 국을 끓여 먹거나 나물을 무쳐 상식한다.
껍질과 열매는 가루로 만들어 꿀을 넣고 반죽해서 환을 만들어 항상 먹는 것도 좋다. 또 술에 담가 먹는다.
빨갛게 익은 구기자를 따서 두 달 동안 술에 담갔다가 건져내어 문드러지게 갈아서
천으로 걸러 찌꺼기는 버리고 이 즙을 앞서 담근 약주와 함께 은그릇이나 돌그릇에 넣고
끈적끈적해질 때까지 달인 것이 금수전이다. 하루에 두 번 큰 숟가락으로 두 숟가락씩
따뜻한 술과 함께 먹는데 오랫동안 먹으면 몸이 깃털같이 가벼워진다.

구기자나무는 가시가 헛개나무[枸]와 비슷하고 줄기는 버드나무[杞]와 비슷해 두 글자를 합해 '구기'라고 불렸다고 전해진다. 7~8월에 꽃이 피며 꽃이 지면서 열매가 자란다. 지골은 이른 봄이나 늦가을에 캔 뿌리의 껍질을 벗겨 깨끗하게 씻은 후 햇볕에 말려 사용하고, 구기자는 여름과 가을에 열매가 붉을 때 채취하여 햇볕에 말려 쓴다.

장수 식품으로 이름난 구기자는 맛이 달고 성질은 차거나 평하다. 간과 신장, 폐에 효능이 있으며, 강장 효과가 있다. 간염, 간경변증, 해열, 허리 요통 치료에 쓰인다. 면역력을 강화하는 구기를 『지봉유설』에서는 오래 먹어도 좋은 약재라고 했다. 『의학입문』에는 구기 잎을 따서 죽을 끓여 소금으로 간한 다음 공복에 먹으면 좋다고 하였다. 『동의보감』에는 구기자 엑기스인 금수전이 등장하는데, 이것을 날마다 먹으면 몸이 깃털처럼 가벼워지고 늙지 않는다고 했다.

구기잎탕

재료 및 분량

어린 구기 잎 말린 것 100g
소금 1작은술, 물

멸치 육수
물 10컵, 육수용 멸치 20마리
다시마 10cm, 대파 1/2뿌리
마늘 5알

양념
다진 대파 1큰술
다진 마늘 1/2큰술
된장 1큰술

만드는 방법

1. 어린 구기 잎을 따서 그늘에 말려 보관했다가 필요할 때 사용한다.

2. 물을 끓여 소금과 말린 구기 잎을 넣고 부드러워질 때까지 데쳐낸다.

3. 2를 물에 헹군 다음 물기를 없앤다.

4. 물 10컵에 멸치 육수 재료를 넣고 끓여 건더기는 걸러낸다.

5. 4의 육수에 된장을 풀어 넣는다. 끓어오르면 데친 구기 잎을 넣고 푹 끓인다.

6. 5의 국물이 진하게 끓여지면 다진 대파와 다진 마늘을 넣고
   한소끔 끓인 후 그릇에 담아낸다.

＊
봄에 나는 어린 순을 데쳐 나물이나 국을 만들면 구수하고 시원한 제철 별미 요리가 된다.
구기 순은 평한 성질을 가지고 있어 다양한 요리를 손쉽게 만들 수 있다.

구기잎 나물

재료 및 분량

어린 구기 잎(말린 것) 100g

나물 양념
들기름 2큰술, 다진 대파 1큰술, 다진 마늘 1작은술
국간장 1큰술, 깨소금 2작은술

1. 어린 구기 잎을 물에 삶는다.

   부드럽게 삶아지면 찬물에 헹구고 물기를 제거한다.

2. 팬에 들기름을 두르고 1을 볶는다.

   대파와 다진 마늘을 넣고 충분히 볶는다.

3. 나물이 고소하게 볶아지면 국간장으로 간을 한다.

   깨소금을 뿌려주고 담아낸다.

*

어린 구기 잎은 독성이 없으므로 부담 없이 다양하게 조리해 먹을 수 있다.

봄에 어린잎을 채취하여 그늘에 말려 보관하면 사계절 나물로 먹을 수 있다.

말려둔 구기 잎을 물에 불려 들기름과 갖은 양념을 해서 볶아 먹으면

자연 나물의 풍미를 즐길 수 있다.

구기자차

*
성질이 평한 구기자를 겨울철 음료로 즐기는 방법은 열성이 강한 생강 한쪽을 넣어 끓이는 것이다.
생강이 들어가면 감기 예방에 좋은 한방차가 된다.
구기자의 베타인 성분은 간에서 지방이 축적되는 것을 막고 간세포의 생성을 촉진하며
혈압을 내려주는 작용을 한다.

재료 및 분량

구기자 15g, 물 3컵, 생강 1쪽, 꿀 약간

만드는 방법

1. 구기자는 깨끗이 씻는다.

2. 돌솥에 구기자와 물을 넣고 끓인다.

3. 물이 끓으면 생강을 넣고 뭉근하게 오래 끓여 건더기는 건진다.

4. 3을 찻잔에 담고 꿀을 곁들인다.

구기자환

재료 및 분량
구기 껍질 100g, 구기자 100g, 청주 2½컵, 꿀

만드는 방법

1 구기 껍질과 구기자는 그늘에 말려 청주에 하룻밤 담가둔다.

2 1을 건져 햇볕에 말린다.

3 2를 곱게 빻아 가루로 만든다.

4 3에 꿀을 넣고 골고루 섞어 반죽한다.

5 4를 오동나무씨 크기로 둥글게 빚어 환을 만든다. 1회 먹는 양은 2~3알(8g)이다.
   하루에 3회 물과 함께 먹는다.

*

구기자환은 몸의 나쁜 기운을 없애준다. 또 눈을 밝게 하고 몸을 가볍게 하며 양기를 강하게 한다.
『지봉유설』에서는 구기자를 오랫동안 복용하면 건강하게 오래 산다고 하였다.

구기자 영양밥

구기자 30g, 물 2½컵

멥쌀 1/2컵, 다시마(5×5cm) 1장

영양밥 위에 안치는 재료

은행 5알, 구기자 1작은술, 잣 2작은술, 대추 3개

1. 돌솥에 구기자와 물을 넣고 끓인다.

   물이 끓어오르면 불을 줄이고 뭉근하게 끓여 구기자 물을 우려낸다.

2. 멥쌀은 30분 정도 불린 후 체에 건진다.

3. 돌솥에 2를 안치고 1의 구기자 물과 다시마를 넣고 밥을 짓는다.

4. 3의 밥물이 자작하게 끓어오를 때 영양밥 재료를 넣는다.

5. 10분 정도 더 끓인 다음 충분히 뜸을 들인다.

6. 5를 나무주걱으로 골고루 저어 고슬고슬하게 담는다.

금수전

재료 및 분량
붉게 익은 구기자 500g, 청주 10컵

만드는 방법

1 빨갛게 익은 구기자를 따서 청주에 2개월 동안 담가놓는다.

2 1을 건져 곱게 갈아 천으로 걸러낸다.

3 2의 즙을 1의 술과 함께 합하여 돌냄비에 넣고 끈적끈적하게 될 때까지 달인다.

4 매일 2큰술(30g)씩 하루에 2회 따뜻한 술과 함께 먹는다.

＊

구기자는 뼈와 근육 및 음(陰)을 강하게 하고 정기(精氣)를 보하며 신(神)을 안정시키는 효능이 있다.
오랫동안 먹으면 몸이 가벼워지고 추위와 더위를 잘 견디게 된다.

허준은 가까운 산천초목에서 쉽게 구할 수 있는
약초 한 가지만으로도 백성들이 병을 치료하고,
몸에 이로운 음식을 손쉽게 만들어 먹을 수 있도록
『동의보감』에 단방문을 수록했다.
다양한 신토불이 약재로 가루를 내고
환을 만들거나 달여서 먹도록 하고,
또 술과 함께 먹는 간단한 처방을 들려준다.
가장 뛰어난 건 양념 재료도 보약처럼 활용할 수 있도록
효과적인 처방문을 제시하고 있다는 점이다.

복령 茯笭

久服不飢延年却老取白茯笭合白菊花或合白朮丸散任意皆可常服又法白茯笭去皮酒浸
十五日漉出搗爲末每日服三錢水下日三久服延年耐老面若童顏

『동의보감』「본초」

오랫동안 먹으면 배고프지 않다. 오래 살고 늙지 않는다.
백복령에 흰 국화를 섞거나 백출을 섞어서 환이나 가루로 만들어 수시로 상복한다.
또 백복령 껍질을 제거하고 술에 15일 동안 담가두었다가 걸러내어 찧어서 가루로 만들어
하루에 세 번, 한 번에 세 잔씩 물과 함께 먹는다.
오랫동안 먹으면 오래 살고 늙지 않으며 어린아이의 얼굴처럼 된다.

복령은 베어낸 소나무 뿌리에 기생하여 자라는 곰팡이로 흑갈색 껍질에 주름이 많고 속은 담홍색으로 무르다. 적소나무에서 적복령, 흑소나무에서 흑복령이 생기는데, 마르면 딱딱해져서 흰색이 되며, 이를 백복령이라고 한다. 적복령은 체액 순환, 건위제나 강심제, 또는 설사, 부종, 임질을 치료하는 약으로 쓰고, 백복령은 땀을 알맞게 나게 하고 오줌을 순하게 하며, 담즙, 부종, 습증, 설사를 치료하는 약으로 쓰인다.

복령의 맛은 달고 심심하며 성질은 평하다. 비장, 심장, 간장, 폐에 효능이 있으며 예부터 강장제로 많이 쓰였다. 『동의보감』에는 "입맛을 좋게 하고 구역질을 멈추게 하며 마음과 정신을 안정시킨다. 폐위로 담이 막힌 것을 낫게 하며 신장에 있는 나쁜 기운을 몰아내며 소변이 잘 나오게 한다"라고 했다. 또 오랫동안 먹으면 동안을 유지하며 오래 살 수 있고 늙지 않는다고 했다. 소나무 뿌리를 감싸고 있는 복령의 균핵인 복신(茯神)은 심장과 비장에 좋고, 복령 껍질인 복령피는 심장, 비장, 신장에 좋다.

복령 우족조림

* 우족은 성질이 따뜻하고 복령은 평하기 때문에 함께 조리하면
속이 냉하기 쉬운 여름철에 입맛 돋우는 보양 요리로 좋다.
특히 우족 삶아낸 물을 조리에 사용하면 피부 재생을 돕는 콘드로이친 성분을 충분히 섭취할 수 있어
여성들은 피부 건강을 지킬 수 있다.

우족 삶기용 재료

건복령 30g, 우족 1개, 대파 1뿌리
마늘 5알, 생강 1쪽

조림용 양념장

우족 삶아낸 육수 1컵, 진간장 4큰술, 꿀 2큰술
다진 마늘 1큰술, 다진 대파 2큰술, 참기름 1큰술
후춧가루와 잣가루 약간

만드는 방법

1. 우족은 삶기 전에 찬물에 담가 핏물을 뺀다.
   솥에 우족 삶기용 재료와 우족이 잠길 정도로 물을 넉넉하게 붓고 뭉근한 불에서 끓인다.
   우족의 뼈가 보일 때까지 끓여준다.

2. 1의 우족 살을 발라낸 다음 한 입 크기로 저민다.
   국물은 베보자기에 걸러 맑은 물만 육수로 사용한다. 삶아진 복령은 건져 조림에 넣는다.

3. 냄비에 우족 살과 육수, 삶은 복령을 넣고 끓인다. 끓어오르면 양념장을 넣고 뭉근하게 조린다.
   조리는 동안 국물을 계속 끼얹어준다.

4. 3의 국물이 자작할 때 참기름과 후춧가루를 넣고 바짝 조린다.

5. 4를 그릇에 담고 잣가루를 뿌린다.

*

『동의보감』에는 '복령조화고(茯苓造化糕)'라는 찬품이 기록되어 있다.
백복령, 연실, 서여(마), 검인 각 4냥(160g)을 가루로 만들고, 여기에 멥쌀 2되(5컵)로 만든 쌀가루를 합하여
설탕 1근(640g)을 섞어서 시루에 찐 일종의 시루떡이다. 이것을 떡으로 먹는 것이 아니라 말려서 다시 가루로 만든 뒤에
임의대로 물에 타서 마셨다. 복령조화고는 비장을 튼튼히 하고 허함을 보충하는 데 쓰였다.

백복령 가루

재료 및 분량

백복령 500g, 청주 6컵

만드는 방법

1 백복령의 껍질을 깨끗하게 제거한다.

2 1을 청주에 15일 담갔다가 건져 햇볕에 말린다.

3 2를 절구에 담아 찧어 가루로 만든다.

4 1회 먹는 양은 2작은술(12g)이다. 하루에 3회 물과 함께 먹는다.

＊

백복령 가루는 땀이 적당히 나도록 조절해주고
오줌이 잘 나오게 하며 담증, 설사를 다스려준다.

복령환

재료 및 분량

백복령 500g, 흰 국화 500g, 꿀

만드는 방법

1 백복령은 깨끗이 다듬어 말린다.

2 흰 국화도 따서 깨끗이 다듬어 말린다.

3 1과 2를 곱게 빻아 가루를 만든다.

4 3에 꿀을 골고루 섞어 반죽하여 오동나무씨 크기로 환을 만든다.
1회 먹는 양은 2~3알(8g)이다. 하루에 3회 물과 함께 먹는다.

＊

백감국(白甘菊)이라고도 부르는 흰 국화는 맛이 달고 매우며 성질은 차다.
우리 조상들은 눈이 침침해지고 몸이 허할 때 백감국을 썼다.

五加皮

오가피

久服輕身耐老煮根莖如常法釀酒服主補益惑煮湯以代茶飲亦可世有服
五加皮酒散而獲延年不死者不可勝計

『동의보감』「본초」

오랫동안 먹으면 몸이 가벼워지고 늙지 않는다.
뿌리와 줄기를 달여 보통 술 빚는 방법과 같이 술을 만들어 마시면 몸을 보충하고 좋게 한다.
또는 달여 탕으로 만들어 차 대신에 마셔도 좋다.
세상에는 오가피 술과 오가피 가루를 상복하여 오래 살고 죽지 않는 사람이 헤아릴 수 없이 많다.

오가피는 오갈피나무의 껍질로 잎이 5개로 갈라져 있다고 해서 오갈피나무다. 옛날에는 오갈피를 '문장초', '오화' 또는 '오가'라고도 했다. 어린잎을 따 그늘에 말렸다가 차를 끓여 먹기도 하고, 6~8월에는 줄기 껍질을, 11월에는 뿌리를 채취하여 그늘에 말려 사용한다.

오가피의 맛은 맵고 쓰며 성질은 따뜻하다. 간과 신장의 기운을 보하고 힘줄과 뼈를 튼튼하게 하여 사지와 손발 마비, 허리와 무릎 약한 데, 골절상, 타박상, 부종 등에 쓰인다. 우리 선조들은 오가피를 오랫동안 먹으면 몸이 가벼워지고 늙지 않는다고 했는데, 『본초강목』에는 "세상에는 오가피 술과 오가피 가루를 상복하여 오래 살고 죽지 않는 사람이 헤아릴 수 없이 많다"라고 기록되어 있다. 뿌리와 줄기를 달여 술을 만들어 마시면 기력이 생기고 허약 체질을 개선할 수 있다.

오가피 연계찜

재료 및 분량

연계 1마리(600g), 오가피탕 2컵

불린 표고버섯 1개, 당근 1/4개, 양파 1/4개

대추 5개, 호두 5개,

양념장

간장 3큰술, 꿀 1½큰술, 다진 파 2큰술

다진 마늘 1큰술, 깨소금 1작은술

참기름 1큰술, 후춧가루 약간

만드는 방법

1. 연계는 내장을 제거하고 깨끗하게 씻은 후
   4~5cm 크기로 토막을 내어 끓는 물에 데쳐낸다.
2. 불린 표고는 4조각으로 자르고 당근은 밤톨 모양으로 다듬는다.
3. 양파는 껍질을 벗겨 깨끗하게 씻고 2cm 너비로 토막을 낸다.
4. 대추는 젖은 수건으로 먼지를 닦고 호두는 끓는 물에 살짝 데쳐낸다.
5. 냄비에 1과 오가피탕(만드는 법은 129p 참조)을 넣고 끓인다.
   끓어오르면 양념장 반을 넣고 끓인다. 표고버섯, 당근도 함께 넣는다.
6. 5의 국물이 절반으로 줄어들면 나머지 양념장을 넣고 끓인다.
7. 국물이 자작할 때 양파, 대추, 호두를 넣고 끓이면서 참기름과 후춧가루를 넣는다.

＊
연계(軟鷄)는 어린 닭을 말한다.
우리 선조들은 오늘날의 닭도리탕과는 달리 된장과 간장 등을 넣어 조리했다.
오가피와 연계는 따뜻한 성질을 가지고 있어 함께 조리하면 자칫 냉해지는 겨울철 체력을 보한다.
체온을 따뜻하게 유지시켜 겨울철 감기 예방에도 좋다.
몸에 열이 많거나 땀을 많이 흘리는 여름철에는 찬 성질의 전복을 첨가하여 찜을 하면
더위를 이겨낼 수 있는 건강 보양식이 된다.

오가피뿌리밥

재료 및 분량

오가피 20g, 현미 1/4컵, 백미 1/4컵, 연근 30g

우엉 30g, 도라지 20g

만드는 방법

1. 현미는 깨끗이 씻어 하룻밤 불리고 백미는 30분 정도 불린다.
2. 연근, 우엉, 도라지 등 뿌리 채소는 껍질에 묻은 흙을 깨끗하게
   정리하고 2cm 크기로 토막을 낸다.
3. 오가피는 물에 넣고 끓인다. 끓어오르면 불을 줄이고
   오래도록 끓여 오가피탕을 만든다.
   물이 반으로 줄어들면 불을 끄고 건더기는 걸러낸다.
4. 돌솥에 현미와 백미를 안치고 오가피탕을 부어 끓인다.
   끓어오르면 불을 약하게 줄이고 2를 넣는다.
   뿌리 채소가 익도록 끓여준다.
5. 4의 밥물이 자작해지면 불을 한 단계 줄이고 뜸을 들인다.

오가피탕

재료 및 분량

건오가피 100g, 물 15컵

만드는 방법

1 오갈피나무의 뿌리와 줄기의 껍질을 채취하여 채반에 널어 그늘에 말린다.
2 분량의 건오가피를 깨끗이 씻어 물기를 제거한다.
3 돌그릇에 2의 오가피와 분량의 물을 합하여 뭉근한 불에서 절반이 되도록 달인다.

오디 桑椹

久服髮白不老取黑熟者曝乾搗末蜜丸長服又多取釀酒服主補益

『동의보감』「본초」

오랫동안 먹으면 흰머리가 검어지고 늙지 않는다.

검게 익은 것을 따서 햇볕에 말려 찧어서 가루로 만든 다음 꿀로 반죽하여 환으로 빚어 오랫동안 먹는다.

또한 많이 따서 술을 빚어 마시면 몸을 보충하고 좋게 한다.

오디는 뽕나무의 열매로 예부터 뽕나무는 사람에게 이로워서 '신이 내린 나무'라고 불리기도 했다. 잎, 가지, 뿌리, 열매 등 모든 부위가 식재료와 약재로 이용된다. 뽕나무겨우살이, 뽕나무이끼, 뽕나무버섯(상황), 뽕나무좀벌레 등 나무에 기생하는 생물들도 식재료와 약재로 쓰인다. 뽕나무 잎은 가을에 서리가 내린 뒤 채취하고, 뽕나무의 어린 가지는 늦은 봄과 초여름에 채취하며, 뿌리껍질은 겨울에 채취하여 햇볕에 말려 사용한다.

오디는 달면서도 신맛이 나고 성질은 차다. 이뇨 작용과 진해, 강장 작용을 하는데 빈혈, 이명증, 몸의 기능 쇠약으로 머리가 갑자기 희어지고 귀가 잘 들리지 않을 때, 눈의 피로와 어지럼증에 효과가 있다. 알코올 중독 증상을 치유하기도 한다. 『동의보감』에는 오랫동안 먹으면 흰머리가 검어지고 늙지 않으므로 오랫동안 먹으라고 했다. 『산림경제』에도 "오디의 검은 열매를 따서 햇볕에 말려 가루로 만들어 3홉씩 하루에 3회 물과 먹으면 배고프지 않다"라고 했다.

채소샐러드 오디

재료 및 분량

양상추 4장, 잎상추 2장, 그린 치커리
오렌지 1/2개, 방울토마토 3알, 마늘 3알
올리브유 1작은술

오디 요구르트 드레싱
플레인 요구르트 2통, 검게 익은 오디 50g, 꿀 2큰술
레몬즙 2큰술, 소금 1/2작은술

1. 푸른 잎채소는 깨끗이 씻어 찬물에 담가둔다.

   싱싱해지면 한 입 크기로 뜯어둔다.

2. 오렌지는 껍질을 벗겨 속살을 발라내고 방울토마토는 반으로 자른다.

3. 마늘은 편으로 얇게 썬 후 올리브유를 두른 팬에 살짝 볶아낸다.

4. 검게 익은 오디는 곱게 갈아 플레인 요구르트, 꿀, 레몬즙, 소금과 섞는다.

5. 접시에 1~3을 보기 좋게 담고 4를 끼얹어준다.

*

뽕나무는 열매인 오디 외에 뿌리껍질, 잎, 봄에 잎이 나지 않는 가지, 꽃, 뽕나무 태운 잿물,
늙은 뽕나무에 기생하는 벌레 등이 약으로 쓰이니 실로 버릴 것이 없다. 오디는 성질이 대단히 찬 열매이다.
오디에 찬 성질을 가진 채소와 합하여 만든 오디 채소 샐러드는 여름철에 어울리는 찬품이다.
혹 체질에 찬 음식이 맞지 않으면 따뜻한 성질을 지닌 구운 마늘을 곁들이면 어느 정도 보완된다.
회나 돼지고기를 먹을 때 마늘을 곁들여 먹는 것과 같은 원리이다.
마늘의 강한 향이나 매운맛이 부담스러우면 구워서 사용하면 좋다.

오디 우유주스

＊
오디 우유주스는 여름철에 좋은 음료다.
오디와 우유가 차가운 성질을 가지고 있기 때문에 무더위를 이길 수 있는 이냉치열(以冷治熱) 식품이다.
위가 약하거나 몸이 냉한 사람은 많이 먹지 않는 것이 좋다.
주스에 생강즙을 약간 넣으면 생강의 열성이 차가운 성질을 보완한다.

재료 및 분량

오디 30g, 우유 1컵, 꿀 1큰술

만드는 방법

1. 오디는 흐르는 물에 깨끗이 씻어 물기를 뺀다.

2. 믹서에 1과 우유, 꿀을 넣고 곱게 간다.

3. 각얼음을 2개 정도 넣고 갈면 더욱 시원하게 먹을 수 있다.

* 오디와 우유는 오장을 보익(補益)하면서 소갈(消渴)을 다스리니
오디 우유주스는 당뇨병 환자에게 좋은 식품이다.

오디환

재료 및 분량

검게 익은 오디 500g, 꿀

만드는 방법

1 검게 익은 오디를 따서 햇볕에 말린다.

2 1을 빻아 곱게 가루로 만든다.

3 2에 꿀을 넣고 골고루 비벼 반죽하여 오동나무씨 크기로 환을 만든다.

4 하루에 3회 물과 함께 먹는데 1회 먹는 양은 2~3알이다.

연실

蓮實

久服輕身耐老不飢延年去皮心搗爲末作粥或磨作屑作飯長服皆佳又搗末酒飮任下二錢久服令人長生

『동의보감』「본초」

오랫동안 먹으면 몸이 가벼워지고 늙지 않으며, 배고프지 않고 오래 산다.

껍질과 심을 버리고 찧어 가루 내어 죽을 쑨다. 갈아서 싸라기를 내어 밥을 지어 오래 먹기도 한다.

모두 좋다. 또 찧어서 가루 내어 임의대로 술과 함께 2전을 먹는다.

오랫동안 먹으면 오래 산다.

불교에서 신성한 생명의 근원을 상징하는 연꽃. 그 연꽃에서 씨방을 연실이라 한다. 보통 연실 속 씨의 껍질을 벗겨 말린 후 약재로 사용한다. 늦가을부터 초겨울까지 연실이 들어 있는 연방을 따서 그 속에 박혀 있는 씨를 꺼내어 햇볕에 말린다. 서리를 맞아 잘 익어서 껍질이 흑회색인 것을 석연자라고 하며, 석연자의 껍질을 벗긴 것을 연육이라고 한다.

연실의 맛은 달면서 살짝 떫으며 성질은 평하다. 비장, 신장, 심장, 위에 약효를 낸다. 마음을 진정하는 효과가 뛰어나고, 스트레스나 우울증을 해소한다. 위장염, 소화불량, 식욕 부진, 허약 체질, 불면증, 유정(遺精) 등을 치유하고 기력을 보강해주는 자양 강장제로 좋다. 연실을 오랫동안 먹으면 몸이 가벼워지고 늙지 않으며 배고프지 않고 오래 산다. 연실을 말려서 껍질과 안의 심을 버리고 찧어 가루로 만들어 먹는다. 생것을 먹으면 배가 쉬이 불러오고 대변이 건조해진다. 딱딱한 대변을 보는 사람은 먹지 않는 것이 좋다.

연실밥

*
본래 연실과 멥쌀은 비위를 튼튼히 하고 원기(元氣)를 돕는 음식에 반드시 들어가는 식재료이다.
『동의보감』에는 백설고(白雪糕)라는 찬품이 기록되어 있는데, 연실 가루와 쌀가루 등을 합하여 시루에 찐 일종의
백설기로 이것이 원기를 돕고 비위를 튼튼하게 한다고 하였다. 따라서 연실밥 또한 같은 효능이 있을 것이다.

재료 및 분량

연실(연밥) 1/2컵, 멥쌀 1/2컵, 물 1½~2컵

만드는 방법

1. 연실을 밥 짓기 3시간 전에 씻어서 물에 충분히 불린다.
   소쿠리에 건져 물기를 뺀다.
2. 멥쌀은 밥 짓기 30분 전에 씻어서 물에 불려 소쿠리에 건져 물기를 뺀다.
3. 1과 2를 합하여 솥에 안친다.
   분량의 물을 붓고 센 불에 올려 끓인다.
4. 한 번 끓어오르면 중불로 줄이고 쌀알이 퍼지면 불을 아주 약하게 줄여서
   뜸을 충분히 들인다.

전통 한식은 주식과 부식이 뚜렷이 구분되며 주식인 밥도 약선적 관점으로 만들었다.
『동의보감』에는 쌀밥, 조밥, 보리밥 등
오늘날 계승된 밥 종류 외에도 다양한 밥을 소개하고 있는데,
묵은 쌀로 지은 진창미반(陳倉米飯), 소갈 치료에 좋은 청량미반(靑粱米飯, 차조),
폐병 치료에 좋은 서미반(黍米飯, 기장쌀), 오장을 윤택하게 하는 호마반(胡麻飯, 검은깨),
많이 먹으면 찬 기운이 성한다는 직미반(稷米飯, 피쌀),
대나무의 열매로 지은 죽실반(竹實飯) 등 치료식에 가까운 약선 밥을 소개하고 있다.

연실죽

조선 왕실의 식이요법서 『식료찬요』에는 연실죽 조리법이 등장하는데,
"쌀을 빻아 싸라기를 만들어 물을 넣고 끓인다. 익으려고 할 때 연실 가루를 넣어 죽을 만든 다음
약간 졸인 꿀을 넣어 공복에 먹는다"라고 했다.

재료 및 분량

연실 150g, 멥쌀 1/3컵, 물 10컵, 소금 약간

만드는 방법

1. 연실을 껍질과 심을 제거한 후 찧어 고운 가루로 만든다.
2. 멥쌀은 맑은 물이 나올 때까지 씻는다.

   쌀이 잠길 만큼 물을 붓고 충분히 불린다.

   불린 멥쌀은 소쿠리에 건져 물기를 빼고 거칠게 빻아 싸라기를 만든다.
3. 냄비에 2와 물을 넣고 끓인다.
4. 3이 끓어오르면 천천히 나무주걱으로 저어준다.

   연실 가루를 넣고 끓이면서 저어준다.
5. 죽이 퍼지기 시작하면 소금으로 간을 한다.

연실꿀떡

재료 및 분량

연실 가루 100g, 멥쌀 2컵, 소금 2작은술, 꿀 1/2컵

만드는 방법

1. 멥쌀은 3시간 이상 불려 소쿠리에 건져 물기를 뺀다.

    곱게 빻아 멥쌀 가루로 만든다.

    체에 내려준다.

2. 멥쌀가루에 연실 가루를 섞은 후 소금, 꿀을 넣고 물을 골고루 섞어

    체에 내린다. 물의 양은 가루를 주먹으로 쥐었을 때 뭉쳐질 정도로 넣는다.

3. 시루에 젖은 베보자기를 깔고 2를 고르게 앉힌다.

4. 찜솥에 반 정도 물을 담고 3의 시루를 올린다.

    시루의 뚜껑을 연 채 떡을 찐다.

    쌀가루 위로 김이 올라오면 뚜껑을 닫고 20분간 찐다.

    꼬챙이로 찔러보아 멥쌀 가루가 묻어나지 않으면 5분 정도 뜸을 들인다.

5. 뜸 들이기가 끝나면 떡을 도마에 쏟아 한 김 식히고 먹기 좋은 크기로 썬다.

*

연실 가루와 멥쌀가루를 주재료로 해서 만든 연실꿀떡 역시 비위를 튼튼히 하고 원기를 돕는 데 좋은 찬품이다.

조선시대에는 꿀을 약의 범주에 넣고 음식을 만들 때 꿀을 넣어 약성을 살렸다.

밥을 지을 때 꿀을 넣으면 약밥, 과자를 만들 때 꿀을 넣으면 약과가 된다.

비위를 강화하고 눈과 귀를 밝게 할 뿐만 아니라 해독 등의 성질을 가진 꿀의 효능을 살린 것이다.

연실꿀떡 역시 꿀을 재료에 넣어 약선을 살렸다.

우리 선조들에게 떡은 신의 음식이었다.
벼의 성장과 풍성한 수확을 기원하는 제사상에
빠질 수 없는 신께 바치는 귀한 공물이었다.
논에서 벼를 거두어 탈곡한 후에
시루에 안치고 수증기로 쪄서 성스러운 떡을 만들었다.

처음에는 찐밥[蒸飯]에서 출발해
점차 다양한 모양새를 갖춘 떡으로 변모했다.
습식제분한 쌀가루를 시루에 담아 쪄면 시루떡,
찐 떡을 다시 떡메로 치면 절편과 가래떡,
제분하지 않은 찹쌀을 쪄서 떡메로 치면 찹쌀떡이다.

검인 芡仁

卽雞頭實也久服輕身不飢耐老神仙仙方取此幷蓮實合餌最佳作粉食之甚妙是長生之藥服之延年
芡仁粥粳米一合雞頭實末二合煮粥空心服之益精氣聰利耳目能駐年

『동의보감』「본초」

계두실이다. 오랫동안 먹으면 몸이 가벼워지고 배고프지 않으며 늙지 않는다.
신선 선방에서는 이것을 취해서 연실을 합하여 떡을 만들어 먹어도 좋고
가루로 만들어 먹어도 심히 묘하다 하였다. 이것은 장수하는 약이므로 먹으면 오래 산다.
검인죽은 멥쌀 1홉에 검인 가루 2홉을 합하여 끓인 죽이다.
공복에 먹으면 정기를 보하고 귀와 눈이 밝아지며 젊음을 유지할 수 있다.

검인은 물에 사는 가시연꽃의 잘 익은 씨앗으로 감실, 계두실, 자연봉실, 가시연밥 등으로도 불린다. 7~8월에 자주색 꽃이 핀 후 10~11월에 성숙한 씨앗을 채취하는데, 담갈색으로 모양은 완두콩과 비슷하다. 겉껍질을 제거하고 깨끗이 씻은 후 다시 속껍질을 벗겨서 햇볕에 말려 사용한다.

맛은 달면서 떫고 성질은 평하며 비장과 신장에 효능이 있다. 오랫동안 먹으면 몸이 가벼워지고 배고프지 않으며 늙지 않는다고 했다. 오랫동안 전해 내려오는 영묘한 처방에 따르면 검인과 연실을 합하여 떡을 만들어 먹으면 신통한 효과가 있어 장생하는 약재이므로 상용하라고 했다. 멥쌀 1홉에 검인 가루 2홉을 합하여 끓인 검인죽은 약해진 기력을 보충해주는 뛰어난 양로죽(養老粥)이다. 치질이나 복부 팽만감이 있는 사람이나 아기를 낳은 산모는 먹지 않는다.

검인죽

제료 및 분량

멥쌀 1/2컵, 검인 가루 30g, 물 5~6컵, 소금, 꿀

1. 멥쌀은 3시간 이상 물에 불린 후 물 1컵을 넣고 블렌드로 곱게 간다.

2. 검인 가루를 준비한다(검인의 껍질을 벗긴 후 깨끗이 씻고 햇볕에 말려 가루로 만든다).

3. 바닥이 두터운 냄비에 1과 나머지 물을 넣고 끓인다.

4. 3이 끓어오르면 2를 넣고 뭉근한 불에서 나무주걱으로 저어주면서 퍼질 때까지 끓인다.

5. 퍼지기 시작하면 소금을 넣어 간을 맞추고 식성에 따라 꿀을 첨가한다.

✳
한방에서는 육향(六香)이란 것이 있는데 복령, 서여, 의이, 연실, 검인, 능실을 말한다.
이들은 모두 비위를 튼튼히 하고 원기를 돕는 데 사용되는 대표적 식품(약재)이다.
내상(內傷)이 있거나 허로(虛勞)하거나 설사를 하는 사람에게 밥 대신 먹는 음식을 만들어줄 때
이 육향을 사용하였다. 검인죽 역시 원기를 돕는 찬품이다.

검인떡

검인 가루 100g, 찹쌀현미 1컵, 소금 1작은술
꿀 1/5컵, 잣 1/2컵

1. 검인 가루는 고운 체에 내린다.(검인 가루 만드는 법은 151p 검인죽 참조)

2. 찹쌀현미는 하룻밤 불린 후 물기를 빼고 가루로 빻아 고운 체에 내린다.

3. 1과 2를 합한 것에 소금과 꿀을 넣어 골고루 섞는다.
   다시 한 번 더 체에 내린다.

4. 시루에 대나무 찜기를 올리고 3을 골고루 안친다.
   불에 올려 뚜껑을 닫고 찐다.
   찰기가 있게 쪄지고 마른 가루가 묻어나지 않으면 뜸을 들인다.

5. 4를 도마에 쏟아내고 한 김 식힌 후 한 입 크기로 토막을 낸다. 꿀을 묻힌다.

6. 잣을 고물로 사용할 수 있도록 곱게 다진다. 이때 칼로 다져야 한다.

7. 5에 6의 잣 고물을 골고루 묻힌다.

잣 海松子

久服輕身延年不飢不老作粥常服最佳

『동의보감』「본초」

오랫동안 먹으면 몸이 가뿐해지고 오래 살며 배고프지 않고 늙지 않는다.
죽으로 만들어 항상 먹는 것이 가장 좋다.

　　깊은 가을, 잣나무에서 영근 솔방울의 잣에서 껍데기를 깨뜨리고 꺼풀을 벗기면 뇌 기능을 향상하고 성인병을 예방하는 잣을 얻는다. 잣의 맛은 달고 성질은 따뜻하며 간, 대장, 폐에 효능이 있다.『동의보감』에는 장수하려면 일상적으로 먹으라고 하였는데, 기력이 약한 노인과 허약 체질을 가진 사람을 보하고 변비 치료에도 효과가 있다. 몸이 허할 때, 몸이 야위었을 때 살 찌게 하고 오장을 튼튼하게 하며 골절풍(骨節風, 뼈마디가 시리고 바람이 든 증상)을 치료한다.『증보산림경제(增補山林經濟)』에는 잣을 보관할 때 방풍과 함께 싸두거나 거친 포대에 담아 바람이 드나드는 곳에 걸어두면 끈적거리지 않는다고 하였다. 뜨거운 증기를 쐬어 못 먹게 되었을 때는 대나무 껍질 위에 잣을 올리고 불을 쬐면 햇것처럼 된다고 했다.

155

잣죽

*

조선시대 어의 전순의가 쓴 요리책 『산가요록(山家要錄)』에는

"겨울에는 잣죽을 뜨겁게 먹고 여름에는 차게 먹는다"라고 했다.

잣은 따뜻한 성질을 가지고 있으며, 잣죽은 기력 회복과 폐 기능을 원활하게 한다.

멥쌀로 잣죽을 쑤어 오래 섭취하면 장운동이 촉진되어 위장 질환을 개선하고 변비에도 효능이 있다.

하지만 묽은 변을 보는 사람은 섭취하지 않는 것이 좋다.

재료 및 분량

소금	잣 갈기	불린 쌀 갈기
	잣 1/2컵, 물 1½컵	불린 쌀 1컵
		물 6컵

만드는 방법

1. 쌀은 3시간 이상 물에 충분히 불려서 건져내어 물기를 뺀다.

2. 잣은 고깔을 떼어낸다.

3. 블렌더에 쌀과 잣을 각각 넣고 가는데 분량의 물을 정확히 넣어야 한다.
   각각을 그대로 두어 가라앉힌다.

4. 바닥이 두터운 냄비에 먼저 쌀의 윗물과 잣의 윗물을 부어 불에 올린다.
   따뜻해지면 쌀 앙금을 넣고 약한 불에서 나무주걱으로 서서히 저어주면서 끓인다.
   끓어오르면 잣 앙금을 멍울지지 않도록 조금씩 넣고 저어주면서 끓인다.

5. 죽이 퍼지기 시작하면 소금으로 간을 한다.

✳

조선 후기 실학자 이덕무의 문집 『청장관전서(靑莊館全書)』(1795)에는
"서울 시녀(侍女)들의 죽 파는 소리가 개 부르는 듯하다"라는 기록이 있다.
이 시절 죽은 시장에서 팔 정도로 보편화되어 있었다.
당시 죽은 아침밥 대신에 먹는 음식으로 매일 아침 죽 한 사발을 먹으면
위장에 좋다는 인식이 있었다.

잣호두죽

호두는 평한 식품이면서 비건 요리와 조화롭게 어우러지며 고소한 맛이 더해진다.
성인병 예방과 두뇌 건강에 좋은 잣호두죽은 폐와 장의 기능을 활성화한다.
대장의 기능이 떨어져 설사나 묽은 변을 보는 사람은 섭취하지 않는 것이 좋다.

재료 및 분량

잣 3큰술, 호두 2큰술, 물 1/2컵

멥쌀 1/2컵, 물 3컵, 소금 약간

만드는 방법

1. 멥쌀은 3시간 이상 불린 후 소쿠리에 건져 물기를 빼고 곱게 간다.

2. 잣도 물 1/4컵을 넣어 곱게 간다.

3. 호두는 뜨거운 물에 불려 껍질을 제거한 후 잣과 같은 방법으로 간다.

4. 돌솥에 1을 넣고 물을 부어 끓인다. 끓어오르면 눋지 않도록 저어준다.
   쌀가루가 퍼질 때까지 골고루 저어준다. 이때 나무주걱을 사용한다.

5. 4가 퍼지기 시작하면 2와 3을 넣고 약한 불에서 천천히 끓인다.

6. 5가 잘 퍼지면 소금으로 간을 한다.

선조들은 몸에 이로운 약선 재료로 죽을 쑤었다.

검인죽, 복령죽, 행인죽, 흑임자죽, 깨죽, 방풍죽, 매죽, 양죽, 붕어죽, 박죽 등 종류도 많다.

왕의 밥상에는 초조반(初朝飯)으로 흰죽, 타락죽, 잣죽, 깨죽, 흑임자죽, 행인죽이 자주 올랐고,

반가에서는 자릿조반이라고 하여 아침에 일어나 죽을 먹었다.

나라에 기근이 들면 왕들은 굶주린 백성들을 구제하기 위해 죽미(粥米)를 내리거나

미죽(糜粥)을 쑤어 보급했다.

간편식, 보양식, 환자식이었던 죽은 진휼(賑恤)과 구황식이기도 했다.

잣 해물샐러드

재료및분량

중하(중간 크기의 새우) 3마리
갑오징어 몸통 1/4마리
관자 2개, 전복 1개

해산물 삶기용 채소
당근 50g, 양파 30g
셀러리 20g, 마늘 2알
청주 2큰술, 레몬 1/4쪽

잣 소스
잣 5큰술, 마늘 3알, 실파 2뿌리
올리브유 4큰술, 식초 1큰술
레몬즙 2큰술, 소금 1작은술
백후추 약간

만드는 방법

1. 중하는 등쪽 두 마디에 이쑤시개를 찔러 내장을 제거하고 껍질째 깨끗하게 씻는다.

   갑오징어는 껍질을 벗기고 안쪽으로 어슷하게 칼집을 낸다.

2. 관자는 얇은 막을 벗기고 0.5cm 두께로 둥글게 썬다.

3. 전복은 솔로 문질러 이물질을 제거한 다음 껍질을 제거한다.

4. 냄비에 물을 절반 정도 붓고 해산물 삶기용 채소를 넣고 끓인다.

   끓어오르면 불을 줄이고 해물을 데칠 수 있도록 준비한다.

5. 4에 준비해둔 해물을 넣고 삶아낸다.

   해물이 익기 시작할 때 청주와 레몬을 넣는다. 해물이 익으면 체에 건져 물기를 뺀다.

6. 익힌 새우는 머리, 꼬리, 껍질을 제거하고 등쪽에 칼을 넣고 반으로 저며 썬다.

   갑오징어는 둥글게 말린 모양을 살려 토막을 내고 전복은 저며 썬다.

7. 잣과 마늘은 곱게 다진다. 실파는 송송 썰어 1/2을 소스에 섞는다.

8. 올리브유에 식초, 레몬을 섞어 걸쭉해지면

   다진 잣, 다진 마늘, 실파, 소금, 흰 후추를 섞는다.

9. 넓은 볼에 해물과 잣 소스를 넣고 골고루 버무린다.

10. 접시에 담고 남은 실파를 골고루 뿌린다.

✻

차가운 성질의 해산물에 따뜻한 성질의 부재료를 넣어 마련된 음식이다.

해산물은 차가운 성질이 강하므로 따뜻한 재료와 함께 조리하는 것이 좋다.

잣
강
정

잣강정은 손으로 둥글게 빚어도 예쁘다.

재료 및 분량

잣 1컵, 조청 1/2컵, 식용유

만드는 방법

1. 잣은 젖은 면보로 깨끗이 닦고 프라이팬에 살짝 볶아낸다.

2. 냄비에 조청을 넣고 끓인다.

3. 조청이 바글바글 거품이 일며 끓으면 잣을 넣고 주걱으로 골고루 저어준다.

4. 사각 쟁반에 식용유를 미리 발라놓는다.

5. 잣이 한 덩어리로 뭉쳐지면 사각의 쟁반에 쏟아내고 방망이로 가볍게 밀어 눌러 단단하게 굳힌다.

6. 잣강정이 굳으면 한 입 크기로 자른다.

＊

우리 전통 식품에서 잣강정은 엿에 속하는 당속류의 하나로 정확한 이름은 '잣엿'이다.
당속류는 엿이 거의 만들어졌을 때 엿의 고물로 깨, 호두, 잣 등을 넣어 버무려 굳혀 만드는 것으로
깨엿, 콩엿, 호두엿, 잣엿이라고 불렀다. 강정이란 원래 찹쌀가루에 술을 넣고 반죽하여 일정한 크기로
썰어 말려서 튀겨낸 다음 집청하여 고물을 묻힌 것이다. 이렇듯 잣강정과 잣엿은 확연히 다른 것인데
오늘날에는 그 구분이 모호해졌다.

전통 한과의 특징은 쌀가루, 밀가루, 참기름, 꿀, 생강, 후추, 계핏가루, 조청,
지초, 치자, 감태, 신감초, 석이버섯 등 식물성 재료와 천연 재료를 사용하여
단맛이 깊으면서도 은은하고 부드럽다.
불고와 도교의 끽다(喫茶) 문화에서 유래한 과자는
조선시대에는 제례와 혼례 등 특별한 날에만 먹는 호화로운 식품이었다.

흑임자 胡麻

卽黑脂麻也久服輕身不老耐飢渴延年一名巨勝白蜜一升巨勝一升合之名曰靜神丸

又服法胡麻九蒸九曝炒香杵末蜜丸彈子大酒下一丸忌食毒魚生菜久服長生魯女生

服胡麻餌尤絕穀八十餘年甚少壯日行三百里胡麻大豆大棗同九蒸九曝作團食延年斷穀

『동의보감』「본초」

흑지마이다. 오랫동안 먹으면 몸이 가벼워지고 늙지 않는다. 배고프거나 목이 마르지 않는다.

오래 산다. 일명 거승이라고도 한다. 백밀 1되와 흑임자 1되를 합한 것을 일명 정신환이라고 한다.

또 먹는 방법은 흑임자를 9번 찌고 9번 햇볕에 말려서 향기가 나도록 볶은 다음 절굿공이로 찧어 가루로 만든다.

꿀을 섞어 새를 잡아 맞히는 구슬 크기로 환을 만든다. 술과 함께 1환을 먹는데 독이 있는 생선이나 생채소의 섭취를 피한다.

오래 먹으면 장수한다. 노나라 여인이 흑임자로 만든 떡과 창출을 생대로 먹었다.

곡식을 끊은 지 80여 년인데도 심히 어린 장부와 같았고 매일 3백 리를 걸었다고 한다.

흑임자, 대두, 대조(대추)를 동량으로 하여 9번 찌고 9번 햇볕에 말려서 단자를 만들어 먹으면 오래 살고 곡식을 끊을 수 있다.

참깨과 한해살이풀의 검은색 씨앗인 흑임자는 아프리카 열대 지방과 인도가 원산지이며 중국에서 한반도로 유입되었다. 참깨와 생육 과정이 동일하지만 씨앗의 색이 검다. 꽃은 7~8월경에 핀다. 참깨는 보통 기름이나 깨소금 등의 양념으로 쓰이지만 흑임자는 요리와 떡 재료로 많이 쓰이며 약용으로도 많이 활용된다. 과거 민간에서는 흑임자 기름인 호마유(胡麻油)를 부스럼과 변비 치료제로 많이 썼다.

한식 상차림에 흑임자죽, 흑임자편, 흑임자 강정, 흑임자 다식, 흑임자 인절미, 흑임자 경단 등이 많이 등장하는 만큼 흑임자는 우리 선조들이 사랑한 중요한 식재료이다. 예부터 중국에서는 흑임자를 불로장수 식품이라 하여 선약(仙藥)으로 여겼다. 『본초강목』에서는 흑임자가 효능이 뛰어나다고 하여 '거승(巨勝, 거대한 식품)'이라고 기록했다. 중국 노나라 여인이 흑임자로 만든 떡과 창출을 생으로 먹고 다른 곡식을 끊은 지 80년이 지났어도 매일 3백 리를 걸을 정도로 건강하게 살았다고 전해진다. 흑임자를 오랫동안 먹으면 몸이 가벼워지고 늙지 않으며 배고프거나 목마르지 않고 맑은 정신을 유지하며 오래 산다고 하였다. 맛은 달고 성질은 평하며 간, 대장, 신장에 효능이 있다. 흑임자를 9번 찌고 9번 햇볕에 말려서 향기가 나도록 볶은 다음 찧어 가루로 만든 후 꿀을 섞어 환을 만들어 먹으면 좋다. 흑임자를 먹을 때 술에 담갔다가 찌고 햇볕에 말리는 과정을 반복하면 양의 성질이 극대화된다.

흑임자 샐러드

*
우유와 플레인 요구르트가 차가운 성질이기 때문에 드레싱에 들어가는 재료를
따뜻한 성질로 보완하면 평한 음식을 만들 수 있다.
흑임자가 평하고 파인애플이 따뜻한 성질이므로 우유와 요구르트의 차가운 성질을 보완한다.
양배추는 평한 성질이므로 채소 샐러드에 어울리는 식재료다.

양배추 잎 2장, 새싹채소 50g

키위 1개, 방울토마토 5알

샐러드 드레싱

흑임자 가루 3큰술, 우유 1/3컵

플레인 요구르트 4큰술

마요네즈 3큰술, 파인애플 즙 3큰술

꿀 2큰술, 소금 약간

1. 새싹채소는 깨끗이 씻은 후 찬물에 담가둔다.

   아삭아삭한 식감이 날 만큼 싱싱해지면 체에 밭쳐 물기를 뺀다.

2. 양배추는 곱게 채를 썬다. 물에 담가 싱싱해지면 체에 밭쳐 물기를 뺀다.

3. 키위는 껍질을 벗기고 슬라이스 한다. 방울토마토는 반으로 자른다.

4. 드레싱의 재료를 합해서 골고루 섞는다.

5. 샐러드용 그릇에 1과 2, 3을 담고 4의 드레싱을 보기 좋게 끼얹는다.

흑임자 단자

※
흑임자와 대두는 평한 성질이기 때문에 함께 어우러져 순순한 음식을 만들어낸다.
건대추는 평한 성질로 오장을 보한다.
흑임자 단자를 만들 때 쪄서 말린 대두를 마지막 단계에서 볶아 가루로 만들어 넣으면 맛이 더 고소해진다.

재료 및 분량

흑임자 1½컵, 대두 1½컵, 건대추 1½컵, 흰 꿀

만드는 방법

1. 흑임자, 대두, 대추를 씻어 건져서 시루에 담아 쪄낸 다음
   채반에 펼쳐서 햇볕에 말린다. 이렇게 9번을 반복한다.
2. 1을 절구에 담아 곱게 빻는다.
3. 2에 흰 꿀을 넣고 반죽하여 단자로 만든다.

정신환

재료 및 분량
흑임자 360g(2½컵), 흰 꿀 360g(2½컵)

만드는 방법
1 흑임자를 깨끗이 씻어 건져 시루에 담아 쪄낸 다음 채반에 펼쳐서 햇볕에 말린다.
   이렇게 9번을 반복한다.
2 1을 팬에 담아 향기가 나도록 볶는다.
3 2를 절구에 담아 곱게 빻는다.
4 3에 흰 꿀을 넣고 반죽하여 구슬 크기로 환을 만든다.
5 1알씩 청주와 함께 먹는다.

＊
정신환을 오랫동안 먹으면 맑은 정신을 유지하며 젊게 살고 장수하는 데 도움이 된다.
자라나는 아이들과 청소년들의 두뇌 영양제로도 좋다. 조선 왕실의 식이요법서 『식료찬요』에는
정신환이 "폐의 기운을 다스리고 오장을 윤택하게 하며 골수를 채워준다"고 하였다.

蔓菁子
순무씨

長服可斷穀長生九蒸九曝搗爲末水服二錢日二

『동의보감』「본초」

오랫동안 먹으면 곡식을 끊을 수 있으며 오래 산다. 9번 찌고 9번 햇볕에 말려 찧어서 가루로 만든다. 2전씩 하루에 2회 물과 함께 먹는다.

순무의 원산지는 지중해 연안으로 중국에서 한반도로 유입되어 널리 재배되었다. 일반 무와 비슷한 형태를 지니지만 뿌리는 팽이 모양이며 잎은 보통 긴 타원형으로 봄에는 노란색 십자화가 달린다. 자줏빛 뿌리를 가진 품종을 붉은순무라고 하며, 맛은 겨자 향 또는 인삼 향이 난다. 식용 비트나 붉은 래디시도 붉은 순무에 속한다. 순무 재배 방식은 무와 유사하지만 보통 늦여름에 파종하고 늦가을에서 초겨울에 수확한다.

순무는 중국 한나라 때 재배를 권장한 기록이 있을 만큼 오랜 식용의 역사를 지닌 채소이다. 특히 순무씨는 귀한 식재료였다. 순무씨로 만든 죽을 임신한 왕비나 병중의 왕대비에게 드렸다는 기록이 있다. 『동의보감』에는 "맛은 맵고 성질은 평하다. 기를 내리고 눈을 밝게 하며 황달을 치료하고 소변을 잘 나오게 한다"라고 하였다. 특히 쪄서 볕에 말려 오랫동안 먹으면 장수한다고 하였다. 『동의보감』의 단방 약 부분에서는 순무씨 기름을 짜서 머리에 바르면 파뿌리같이 허연 머리가 검어지고 발모가 촉진된다고 하였다. 『식료찬요』에는 "미친개에 물린 증상이 계속 나타날 때는 순무씨를 갈아 그 즙을 복용하면 좋다"라고 하였다. 정기가 쇠약하고 몸이 찬 증상이 함께 나타나는 사람은 먹지 않는다.

순무씨죽

제료 및 분량

순무씨 1큰술, 멥쌀 2큰술, 물 2컵

참기름 1큰술, 소금 1작은술

만드는 방법

1. 순무씨 가루는 아래의 만드는 법을 참고하여 만든다.

2. 멥쌀은 깨끗이 씻어 3시간 이상 불린 후 체에 건져
   물기를 뺀 후 찧어 싸라기를 만든다.

3. 돌솥에 참기름을 두르고 2를 넣고 볶는다.

4. 3에 물을 붓고 끓인다. 끓어오르면 1을 넣고 퍼질 때까지 끓인다.

5. 소금으로 간을 한다.

순무씨는 평한 성질이기 때문에 멥쌀과 잘 어울린다.

죽을 쑤어 먹으면 몸의 습을 제거하고 눈을 맑게 하며 해독 효과를 본다.

순무씨 가루

재료 및 분량

순무씨 480g(2컵)

만드는 방법

1 순무씨는 씻어 건져서 시루에 담아 쪄낸 다음 채반에 펼쳐서 햇볕에 말린다. 이렇게 9번을 반복한다.

2 1을 절구에 담아 곱게 빻는다.

3 8g씩 하루에 2회 물과 함께 먹는다.

＊

『식료찬요』에서는 "순무씨를 찧어서 갈아 물 2대접을 넣고 짜서 즙을 낸 다음 멥쌀을 넣고 죽을 끓여 공복에 먹으면
＊중초(中焦)를 보하고 눈이 밝아지며 소변이 잘 나오게 된다"라고 하였다.

중초(中焦) 위 속에서 음식의 흡수, 배설을 맡는 육부(六腑)의 하나로 심장에서 배꼽 사이의 부분을 말한다.
위의 상부는 상초(上焦), 방광의 상부는 하초(下焦)다.

흰죽 白米粥

凡晨起食粥利膈養胃生津液令一日淸爽所補不小晚粳米濃煮令爛食之

『동의보감』「입문」

새벽에 일어나서 죽을 먹으면 명치(위)에 좋고 위를 튼튼하게 한다.

진액이 생겨서 하루가 상쾌하며 보하는 바가 적지 않다. 저녁에 멥쌀을 무르도록 하여 진하게 끓여 먹는다.

우리 선조들은 쌀로 끓인 흰죽을 먹어 위장을 편안하게 다스렸다. 『증보산림경제』에 따르면 "백죽의 재료로는 늦벼의 쌀이 가장 좋다. 새벽에 공복에 먹으면 노인에게 아주 좋으며 침이 생성되도록 한다. 백죽을 먹은 뒤에 냉수를 마시면 폐질환이 생길 수 있다…… 흰죽을 끓이는 솥은 돌솥, 무쇠솥, 유기솥 순으로 좋다"라고 하였다. 『조선왕조실록』에는 "새벽에 흰죽을 들면 위의 기가 부드러워져서 진액을 내게 되는데 이것이 양생을 위한 경험에서 오는 방법이다"라고 하였다. 흰죽의 맛은 달고 성질은 평하며 비장과 위에 작용한다. 약죽 중 가장 기본이 되는 죽으로 우리 선조들은 쌀의 크기에 따라 쌀을 갈아서 만든 비단죽, 으깬 쌀로 만든 원미죽, 쌀을 통으로 넣고 만든 완죽을 끓여 먹었다.

흰죽

＊
흰죽은 멥쌀 즉 갱미(粳米)로 쑤는데, 맛이 달고 담백하며 성질이 치우치지 않는다.
선조들은 쌀뜨물을 갱미감(粳米泔)이라 하여 열을 내리고 소변을 잘 누게 할 때 쓰기도 했다.
1795년 정조대왕이 어머니 혜경궁홍씨를 모시고 아버지 사도세자가 묻힌 수원에서
환갑연을 차려드리기 위해 원행(園行)을 갈 때 조반으로 흰죽인 백미죽(白米粥)이 올랐다.

재료 및 분량

멥쌀 1컵, 물 6컵, 소금 약간

만드는 방법

1. 멥쌀을 씻어서 물에 3시간 이상 충분히 불린다.
   건져서 물기를 뺀다.
2. 블렌더에 1의 쌀을 넣고 분량의 물을 조금씩 넣고 간다.
3. 바닥이 두터운 냄비에 2를 부어 불에 올려서 나무주걱으로 저어주면서
   잘 퍼질 때까지 끓인다. 일단 끓으면 불을 약하게 한다.
4. 퍼지기 시작하면 소금으로 간을 한다.

＊
1795년 정조대왕 시대에는 다양한 죽이 있었다. 백미죽 외에도 박죽, 아욱죽, 백감죽, 잣죽, 연자죽, 청태죽, 보리죽,
병아리죽, 붕어죽, 굴죽, 연근죽, 감인죽, 마름죽, 갈근죽, 밤죽, 전복죽, 홍합죽, 개암죽, 호두죽, 무죽, 냉이죽,
미나리죽, 흑임자죽, 복령죽, 대추죽, 마죽, 백합죽, 들깨죽, 방풍죽, 도토리죽, 생강죽, 황정죽, 지황죽,
구기죽 등이 있어 지금보다 훨씬 다채로운 죽 문화를 향유하고 있었다.
특히 백미죽은 일상식으로 먹는 죽의 으뜸으로 여겼다.

2부

노화 방지, 정력 강화에
좋은 음식

정(精)과 질병

『동의보감』에는 우리 몸이 오장육부와 근(筋, 근육의 힘줄과 근막), 기육(肌肉, 근육의 살), 뼈[骨], 혈맥(血脈), 피부(皮膚)로 구성되어 있으며, 이 모두는 정(精), 기(氣), 신(神)의 삼위일체가 만들어낸다고 하였다. 『동의보감』이 전하는 양생의 목적은 정, 기, 신을 보호하여 완전한 건강에 이르는 것이다. 정, 기, 신은 생명의 토대를 만들고 활력 있게 움직이게 하는 핵심 요소이므로 평생 건강을 지키려면 이 3가지를 잘 관리해야 한다. 이 중 인체를 구성하는 근본은 정이다. 『동의보감』은 "나이가 들면 정과 혈이 마른다"라는 말로 노화를 설명하는데, 이 말은 우리 몸의 근본 물질인 진액(津液)이 점차 줄어든다는 것을 의미하며, 체내 생명의 물이 차츰 소멸되어 간다는 뜻이다. 『동의보감』에서는 정을 일차적으로 정액이라는 의미로 사용하지만 혈액이나 근골을 생성하는 체내 성분 또는 물질을 말하기도 하다. 나이가 들면 이들 체내 물질이 점차 쇠하고 줄어들면서 세포 재생이 안 되어 피부가 처치고 뼈는 약해지며 여러 증상을 동반한 노화로 인해 삶은 퇴행한다.

2부에서 소개하는 약선 음식들은 몸의 진액을 보충하고 정과 혈을 다스리는 섭생을 돕는다. 꾸준히 실천하면 몸에 부족한 영양과 정을 채워 활력 있는 몸을 만들 수 있다.

우 牛乳
유

牛乳汁一升入細米心少許煮粥令熟常服最宜老人

『동의보감』「종행(種杏)」

우유 1되에 곱게 빻은 쌀 싸라기를 조금 넣고 익도록 다려 죽을 만든다.
늘 먹는 것이 노인에게 가장 좋다.

우유는 단맛이 있고 성질은 차며 독이 없다. 비장과 폐에 효능이 있다. 허약하고 야윈 사람이 우유를 먹으면 기력을 찾게 되며, 가슴이 답답하고 입안이 마르고 갈증이 나는 증세를 멎게 한다. 뿐만 아니라 피부를 윤택하게 하고 심폐 기능을 길러준다. 노인이 지쳐 피곤하고 기력이 없을 때 우유로 끓인 타락죽을 먹으면 좋다. 『동의보감』에는 목 위에 앵두 크기만 한 창이 생겼을 때 매일 우유를 마시면 저절로 낫는다고 하였다.

조선시대에는 왕족에서 서민까지 아침에 죽을 먹었는데 타락죽은 특히 왕실과 상류층에서 즐겼다. 중국에서 사신이 오면 아침에 타락죽을 대접했다. 중국 청나라 의서 『의방집해(醫方集解)』에는 위 속에 사혈(死血)이 있어서 먹기 힘들 때나 변비가 있을 때 우유를 먹으면 치유된다고 하였다. 조선왕조실록에는 자주 음식을 줄여서 잡수시는 인종의 건강을 염려하여 신하들이 타락죽을 권했다는 기록이 있고, 정조는 겨울철이면 타락죽을 자주 찾았다고 한다. 우리 선조들은 노인을 위한 영양 죽으로 타락죽만큼 좋은 식사가 없다고 했다. 당시 우유는 구하기 어려운 귀한 식품이었고, 조선의 중종은 암소의 젖을 사용하면 송아지가 젖을 먹지 못한다고 하여 타락죽을 금하기도 하였다.

타락죽

재
료
및
분
량

멥쌀 1컵, 우유 3½컵, 물 3½컵, 소금

1. 멥쌀을 씻어서 물에 3시간 이상 충분히 불린다.
   건져서 물기를 뺀다.
2. 블렌더에 1의 쌀을 넣고 분량의 물을 조금씩 넣고 간다.
3. 돌솥에 2를 부어 불에 올려 나무주걱으로 저어주면서 끓인다.
4. 쌀알이 잘 퍼지고 거의 쑤어졌을 때 우유를 조금씩 넣어
   멍울이 지지 않도록 나무주걱으로 저어주면서 잠시 더 끓인다.
5. 우유가 잘 어우러지면 식성에 따라 소금을 넣고 간을 한다.

✳

조선시대에는 우유의 별칭인 '타락(駝酪)'이란 말이 널리 통용되었다.
『동의보감』에는 유(乳)에서 락(酪)을 만들고 락으로부터 소(酥)를 만든다 하였는데,
이를 근거로 한다면 원래 락은 요구르트이고, 소는 버터이다.

浸汁朝酒九蒸九曝謂之熟地黃不蒸曝而陰乾者謂之生乾地黃熟者性溫能
滋腎補血益髓塡精生乾者性平亦能補精血丸服酒浸服皆佳-

『동의보감』「본초」

즙을 짜낸 술지게미나 술에 담가서 9번 찌고 9번 햇볕에 말린 것을 숙지황이라 한다.

찌지 않고 햇볕이나 그늘에서 말린 것을 생건지황이라고 한다.

찐 것은 성질이 따뜻하므로 능히 신장의 자양을 좋게 하고 혈을 보하며 골수를 더하고 정을 채운다.

생건지황은 성질이 평하여 능히 정과 혈을 보한다.

환을 만들어 먹거나 술에 담갔다가 먹는 것 모두 좋다.

중국의 문호인 소식은 노년기에 늘 목이 마르는 증상으로 고생스러워 지황을 먹었는데, 쇠잔해진 몸에 진액이 생성되면서 활력이 생겼다고 한다. 지황은 부족한 피를 보충해주고 체액 분비를 촉진하여 몸의 건조함을 막고 수분을 촉촉하게 유지시켜준다. 또한 귀와 눈을 밝게 하고 기억력을 증진시키며 수염과 머리카락을 검게 해주는 등 노화 증상에 효능이 있다. 지황은 기운을 북돋아주고 허약한 체질을 개선하는 기능이 있어 기력이 부족한 중년과 노인에게 좋다.

황자계 백숙 생지황

*
생지황은 차가운 성질이므로 따뜻한 성질의 닭고기와 궁합이 잘 맞는다.
누런 토종 암탉인 황자계는 비장과 위장을 보하는데, 『동의보감』에서는 이질을 치료하는 식재료로 꼽는다.
평한 성질의 팥에 마늘, 대파, 양파 등 따뜻한 성질의 양념 재료와 어우러져
치료식 백숙이 된다. 『식료찬요』에는 소화 기능이 약한 사람은
닭을 구이로 조리해 공복에 먹으면 좋아진다고 했다.

재료 및 분량

생지황 20g, 황자계 1마리, 적소두(팥) 1/3컵, 밤 3개, 대추 3개
은행 5알, 마늘 3개, 대파 1/2뿌리, 양파 1/2개, 소금

쌀뜨물

두 번째 쌀뜨물을 받아둔다.

백숙용 물

솥에 재료들이 잠길 만큼 충분한 물

만드는 방법

1. 생지황은 깨끗하게 씻어 물기를 제거한다.
2. 황자계는 털과 내장을 빼고 쌀뜨물에 깨끗하게 씻는다.
3. 적소두는 잡티를 골라내고 깨끗이 씻는다.
4. 밤, 대추는 젖은 수건으로 이물질을 닦는다.
5. 은행은 기름에 볶아 속껍질을 제거한다.
6. 마늘은 껍질을 벗기고 양파는 겉껍질만 한 겹 벗긴다.
7. 압력솥에 준비한 모든 재료를 넣고 잠길 만큼의 물을 부은 후 끓인다.
8. 끓기 시작하면 불을 줄여 약불에서 20분 정도 더 끓인다.
9. 무르게 삶아지면 소금과 함께 담아낸다.

생건지황환

재료 및 분량

생지황 500g, 꿀

만드는 방법

1 생지황을 채취하여 깨끗이 씻어 햇볕이나 그늘에 말린다.

2 1을 절구에 넣고 빻아 가루로 만들어 꿀을 합하여 반죽한다.

3 2를 오동나무씨 크기로 환을 만든다.

　　하루에 3회, 한 번에 8g씩 먹는다.

＊

지황환은 한방에서 몸이 여위고 기력이 없을 때, 얼굴이 푸르거나
누렇게 뜰 때, 치아가 흔들릴 때 처방하는 약재이다.
우리 선조들은 성장기 어린이들에게도 지황환을 먹였는데,
선천적으로 혈기가 부족하고 뼈가 약한 어린이에게 보약처럼 썼다.

생건지황술

재료 및 분량

생건지황 500g, 찹쌀 1.2kg(6컵), 누룩 가루 130g, 물 15컵

만드는 방법

1 생건지황을 깨끗이 씻어 물기를 제거한다.

2 물 3ℓ에 1을 넣고 끓여 1.5ℓ가 되게 한다.

3 깨끗이 씻은 찹쌀을 시루에 담아 쪄서 차게 식힌다.

4 3에 누룩 가루를 합하여 항아리에 담는다.

5 4에 2를 부어 골고루 섞어 주둥이를 단단히 봉한다.

6 5가 충분히 익어 술이 맑아지면 맑은 술을 떠서 따뜻하게 데워 마신다.

＊

생건지황술은 피로를 회복시키고 정기를 강화한다.
허리와 다리가 아플 때 마시면 개선되며 어혈을 제거해준다.
따끈하게 데워서 먹으면 혈을 통하게 하고 보혈에 도움이 된다.

토사자 兎絲子

添精益髓治莖中寒精自出亦治鬼交泄精 鬼交泄精
爲末服作丸服皆佳

『동의보감』「본초」

정을 보태고 골수를 더해준다. 음경 속의 냉증과 정액이 저절로 나오는 것을 치료한다.
또한 꿈을 꾸면서 성교하여 정액이 배설되는 것을 치료한다.
가루로 만들어 먹거나 환을 만들어 먹는 것 모두 좋다.

토사자는 보양(補陽, 양기를 보충), 보기(補氣, 기를 보충), 보화(補火, 몸이 차고 허할 때 화기를 보충) 작용을 한다고 하여 한의학에서는 성기능 개선 및 강화를 위한 약재로 오랫동안 사용해왔다. 유정(遺精), 몽설(夢泄), 혈뇨를 치료하며, 정력이 약한 남성들이 먹으면 정기가 회복된다. 민간요법으로 장기간 섭취하면 얼굴의 기미, 주근깨, 검버섯이 완화되고 주름살을 없애주며 얼굴을 아름답게 유지할 수 있다고 하여 많이 이용해왔다.

195

토사자 김치별미밥

재료 및 분량

토사자 40g, 멥쌀 1/2컵

배추김치 70g

소고기(우둔육) 70g

김치 무침 양념장

꿀 2작은술

참기름 1작은술

소고기 양념장

다진 대파 1큰술

다진 마늘 1작은술

깨소금 1작은술

참기름 2작은술, 후추

1. 토사자는 부드러워질 때까지 물에 불린다. 급할 땐 따뜻한 물에 불린다.

2. 멥쌀은 맑은 물이 나올 때까지 씻은 후 30분 정도 불려 건져 물기를 뺀다.

3. 배추김치는 속을 털어내고 물기를 꼭 짠 후 송송 썰어 양념장에 무친다.

4. 소고기는 곱게 채를 썰어 양념장에 재운다.

5. 솥에 멥쌀과 토사자를 혼합하여 넣고 양념한 배추김치와 소고기를 올린다.

6. 쌀이 잠길 만큼의 물을 붓고 끓인다.

   끓어오르면 불을 줄이고 밥물이 자작하게 줄어들면 약한 불에서 5분 정도 뜸을 들인다.

7. 별미밥이 완성되면 고슬고슬하게 담아낸다.

토사자환

재료 및 분량

토사자 500g, 꿀

만드는 방법

1 토사자를 채취하여 깨끗이 씻어 햇볕에 말린다.

2 1을 절구에 넣고 빻아 가루로 만들어 꿀을 합하여 반죽한다.

3 2를 오동나무씨 크기로 빚는다.

   하루에 3회, 한 번에 2~3알(8g)씩 먹는다.

✳

토사자환은 신장과 간을 보호하고 눈을 밝게 해준다.

머리카락과 털이 희어지는 노화 증상도 예방한다. 정액이 저절로 흐르는 증상과 몽정에도 효과가 있다.

五味子
오미자

益男子精
『동의보감』「본초」

남자의 정을 보태준다.

五味子膏澁精氣治夢遺滑脫五味子一斤洗淨水浸一宿挼取汁去核以布
濾過入鍋內入冬蜜二斤慢火熬成膏每取一二匙空心白湯調服

『동의보감』「본초」

오미자고는 정기를 조절해주고 몽유를 치료하며 정액이 저절로 흘러나오는 것을 치료한다.
오미자 1근을 깨끗한 물로 씻어 하룻밤 물에 담가둔다. 비벼서 씨를 빼고 즙을 취한다.
삼베로 걸러 냄비에 넣고 된 꿀 2근을 추가로 넣어 은근한 불에서 조려 고를 만든다.
매번 1~2숟가락씩 공복에 끓인 물에 타서 먹는다.

　　　비옥한 골짜기에 무리 지어 자라는 오미자나무는 6~7월이면 붉은빛이 도는 황백색 꽃이 피며 8~9
월에는 포도송이처럼 빨간 열매가 알알이 영그는데, 이 열매가 오미자이다. 가을에 채취하여 찧어서 햇볕에
말려 쓴다.

　　　단맛, 신맛, 매운맛, 쓴맛, 짠맛의 5가지 맛이 난다 하여 오미자(五味子)이다. 그중 신맛이 가장 강하
다. 독성이 없고 약리 작용이 뛰어나 우리 선조들은 여름에는 시원하게, 겨울에는 따뜻하게 전통차로 즐겼
다. 따뜻한 성질이 있으며 신장, 심장, 폐에 효능이 있다. 열을 동반한 기침을 하거나 천식, 호흡곤란, 겉으론
열이 없으나 속이 뜨거운 실열(實熱)이 나는 증상을 치유한다. 눈을 밝게 해주고 장을 따뜻하게 하며 강장
제로도 좋은 약재이다. 『본초강목』에는 오미자의 활용법과 효능을 설명하고 있는데, 보약으로 쓸 때는 익은
것을 쓰고, 기침에는 생것을 쓴다고 하였다. 또한 오미자의 신맛과 짠맛은 간으로 들어가서 신장을 보하며,
맵고 쓴맛은 심장으로 들어가서 폐를 보한다고 했다. 단맛은 비장과 위장을 이롭게 한다고 밝히고 있다.

오미자화채

재료 및 분량

건오미자 2큰술, 물 2컵, 된 꿀 2큰술

배 1/6개, 참외 1/6개, 수박

1. 건오미자는 깨끗이 씻은 후 물에 하룻밤 담가둔다.
   이튿날 베보자기에 걸러 건더기는 버린다.
2. 1에 꿀을 섞어 오미자 꿀차를 만든다.
3. 배와 참외는 껍질을 벗기고 1cm×1cm 크기로 썬다.
   수박도 같은 크기로 썬다.
4. 2의 오미자 꿀차에 3의 과일을 넣는다.

생맥산 1

재료 및 분량
맥문동 뿌리 7.5g, 오미자 3.75g, 인삼 3.75g, 물 5컵

만드는 방법
1 맥문동 뿌리는 물에 담갔다가 심을 제거한다.
2 인삼은 노두를 제거한다.
3 돌솥에 1과 2, 오미자를 담고 물을 부어 끓인다.
  끓어오르면 뭉근한 불에서 2컵이 되도록 달인다.

생맥산 2

재료 및 분량
맥문동 뿌리 7.5g, 건오미자 3.75g

만드는 방법
1 맥문동 뿌리를 물에 담갔다가 심을 제거한다. 햇볕에 건조시킨다.
2 건오미자는 젖은 수건으로 깨끗이 닦는다.
3 1과 2를 곱게 갈아 가루로 만든다.
4 가루 생맥산을 물과 함께 먹는다.

*
『동의보감』을 비롯한 많은 의학서에는 무더위와 갈증, 과도하게 땀을 흘리는 증상이 있을 때
원기 회복에 좋은 생맥산(生脈散)을 처방하여 상복할 것을 권했다. 생맥산 재료로는 맥문동, 오미자, 인삼, 황기 등을 썼다.
생맥산은 맥이 허한 것을 다스린다. 특히 무더위의 열기로 몸이 허약해지거나
갈증과 땀이 많이 나고 폐 기능이 약해 기침이 나는 증상을 치료한다.

오미자고

재료 및 분량

오미자 640g, 물 20컵, 된 꿀 1.3kg

1. 오미자는 깨끗하게 씻어 불순물을 제거한다.

2. 1을 하룻밤 물에 담가둔다.

3. 2의 오미자를 손으로 비벼서 씨를 빼고 즙을 낸 다음 베로 걸러 내린다.

4. 냄비에 3과 꿀을 넣고 뭉근한 불에서 조려 고로 만든다.

오미자환

재료 및 분량

건오미자 100g, 꿀 1/2컵

만드는 방법

1 건오미자는 빛이 붉고 맑은 것을 골라 젖은 수건으로 닦는다.

2 1을 곱게 빻아 가루를 낸다.

3 2를 체에 내려 고운 가루를 채취하고 남은 찌꺼기는 다시 곱게 간다.

4 3의 과정을 여러 번 반복하여 고운 오미자 가루를 준비한다.

5 오미자 가루에 꿀을 넣고 반죽하여 고를 만들어서 오동나무씨 크기로 환을 만든다.
   하루에 3회 먹는데 한 번에 2~3알(8g)씩 먹는다.

＊

중국 명나라 시대의 의서 『의학입문』에는 진액이 부족하여 폐가 허하거나

잠을 자는 도중에 정액이 새어 나오는 것을 치료하는 방법이 나오는데,

건오미자를 가루 내어 꿀로 반죽한 오미자고환(五味子膏丸)을 만들어 먹으면 좋다고 하였다.

何首烏
하수오

益精髓取根米泔浸一宿竹刀刮去皮黑豆汁拌曝乾爲末和酒服或蜜丸服皆佳

『동의보감』「입문」

정수를 더해준다. 뿌리를 취해서 쌀뜨물에 하룻밤 담갔다가
대나무 칼로 긁어서 껍질을 제거한 후 검은콩 즙에 담갔다가 건져 햇볕에서 말린다.
가루로 만들어 술과 화합해서 먹거나 혹은 꿀로 환을 만들어 먹는 것 모두 좋다.

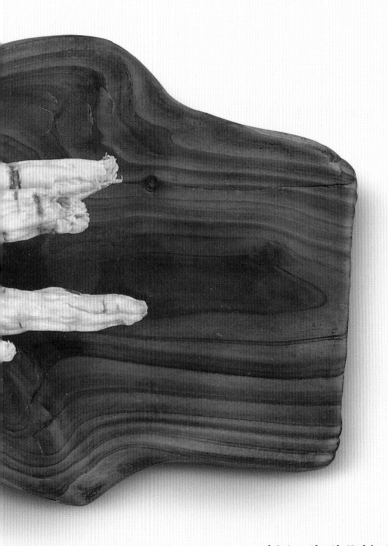

하수오는 항노화 물질을 다량 함유하고 있어 면역력 강화와 노화
방지에 좋다. 꾸준히 먹으면 정신을 맑게 하는 등 뇌 건강에도 좋다. 몸이
허약해지거나 기력이 없을 때 하수오를 먹으면 원기가 회복되고 관절염
등의 노화 증상도 개선된다. 중년 이후에 발생하기 쉬운 심혈관 질환과 간
질환 등 성인병 예방에도 좋다.

북어강정 하수오

제료 및 분량

북어 1마리	**북어 밑간**	**강정 양념**
식용유 3컵	청주, 배즙, 양파즙	간장 2작은술, 고추장 1큰술, 물 2큰술
	튀김옷	청주 2큰술, 하수오 가루 1작은술
	하수오 가루 2작은술	꿀 2큰술, 다진 마늘 1작은술, 통깨 1작은술
	전분 3큰술	참기름 2작은술

206

1. 북어는 머리, 지느러미, 껍질을 제거하고 물에 불린다.

2. 북어가 부드러워지면 청주, 배즙, 양파즙으로 밑간을 한다.
   20분 정도 재워두었다가 물기를 꼭 짠다.

3. 넓은 볼에 2와 하수오 가루, 전분을 넣고 골고루 섞는다.
   북어에 가루들이 스며들 때까지 기다린다.

4. 튀김용 팬에 식용유를 붓고 기름 온도가 160℃가 되면 3을 넣고
   바싹하게 튀긴다.

5. 팬에 강정 양념(통깨, 참기름 제외)을 넣고 끓인다.
   보글보글 끓으면 4를 넣고 재빨리 버무린다.
   마지막에 참기름을 두른다.

6. 접시에 담고 통깨를 뿌린다.

✳

『시의전서』에는 북어를 재료로 만든 자반(佐飯)이 소개되어 있다.
자반이란 밥 먹을 때 도와주는 밥반찬을 뜻한다. 잘게 찢은 북어에 참기름, 깨소금, 고춧가루, 꿀, 진간장을 넣고
무친 것이다. 명태 말린 것을 지칭하는 북어는 오랫동안 서민들의 밥반찬과 술안주로 애용되어 왔다.
하수오의 효능을 살리기 위해 하수오 북어강정이란 찬품을 만들어보았으나 하수오 북어무침도 맛있게 만들 수 있다.

하수오 가루와 하수오환

재료 및 분량

하수오 500g, 쌀뜨물, 검은콩 2컵, 물 10컵
- 하수오환에 쓰이는 꿀(하수오 가루 양에 따라 꿀의 양을 맞춘다.)

만드는 방법

1 하수오를 깨끗하게 씻어 쌀뜨물에 하룻밤 담가둔다.

2 1의 하수오를 대나무 칼로 긁어서 껍질을 제거한다.

3 돌솥에 검은콩, 물을 붓고 끓인다.
   검은콩 물이 충분히 우러나오도록 끓인 후 베보자기로 걸러 차게 식힌다.

4 3의 식힌 즙에 2의 하수오를 담갔다가 건져 채반에 담아
   뜨거운 햇볕에 바싹 말린다.

5 말린 하수오는 빻아서 가루로 만든 다음 한 번에 1½작은술(8g)씩
   물과 함께 먹는다. 하루에 3회 먹는다.

6 5의 가루에 꿀을 합하여 오동나무씨 크기로 환을 만든다.
   한 번 먹는 양은 2~3알(8g)이다.

*
하수오 가루나 환은 갱년기 여성에게 좋다.
허약 체질, 빈혈, 신경 쇠약, 변비, 불면증을 앓는 사람,
흰머리와 새치로 고민하는 사람이 먹으면 좋다.
열성이 강한 생마늘을 함께 너무 많이 먹는 것은 금한다.
『증보산림경제』에는 "붉은색 하수오는 암이고 흰색은 수다.
암수를 같이 먹어야 효험이 있다"라는 기록이 있다.

백복령 白茯笭

酒浸與光明砂同用能秘精

『동의보감』「동원(東垣)」, 「탕액(湯液)」

술에 담갔다가 광명사*와 합하여 사용한다. 능히 정을 간직하게 해준다.

*광명사(光明砂) '주사(朱砂)'와 같은 말로 경련 발작을 진정시키는 광물질이다.

治心虛夢泄白茯巓細末每四錢米飲調下日三

『동의보감』「직지(直指)」

심이 허하여 몽설하는 것을 치료한다.
백복령을 곱게 가루 내어 매번 4전(15g)씩 미음에 타서 하루에 3회 먹는다.

소나무 뿌리에서 소나무의 정기를 받으며 자라 풍부한 유효 성분을 함유하고 있다. 가장 큰 약리 작용은 자양 강장이며, 면역력 강화, 이뇨 및 진정, 혈당 강하 작용도 한다. 가래를 삭이고 정신을 안정시킨다. 병을 앓고 난 후 허약한 사람이나 만성 위장병 환자를 치료하는 약재로 이용된다.

설기떡
백복령

멥쌀가루 4컵, 소금 1작은술

백복령 가루 2컵, 꿀 3큰술

팥고물

팥 2컵, 소금 1작은술, 물 3컵

1. 멥쌀은 맑은 물이 나올 때까지 씻은 후 6시간 정도 불린 다음
   건져서 물기를 뺀다.
2. 물기를 뺀 멥쌀은 소금을 넣고 가루 내어 체에 내린다.
3. 2와 백복령 가루를 골고루 섞어서 시루에 안치기 직전에 꿀과
   물을 넣고 섞어 체에 내린다.
   물의 양은 가루를 주먹으로 쥐었을 때 뭉쳐질 정도로 넣는다.
4. 냄비에 팥을 넣고 잠길 만큼의 물을 부은 후 끓인다.
   팥물이 끓으면 팥물이 노랗게 되는데 이 물은 버린다.
   끓여낸 팥과 물, 소금을 넣고 팥이 물러질 때까지 다시 끓인다.
   뜨거울 때 절구에 넣고 거칠게 빻아 고물을 만든다.
5. 시루 위에 대나무 찜기를 올리고 팥고물을 골고루 펴준 다음
   준비해둔 멥쌀가루를 골고루 채운다.
   대나무 찜기 위까지 멥쌀가루를 채우고 팥고물을 고르게 올려준다.
6. 5를 찌다가 김이 올라오면 찜기 뚜껑을 닫고 15분 정도 더 찐다.
   약한 불에서 10분 정도 뜸을 들인다.

백복령죽

재료 및 분량
백복령 500g, 멥쌀 1컵
물 8컵

만드는 방법
1 백복령은 얇게 저며 편으로 썬다.
2 1을 물에 담가 맑은 물이 나올 때까지 물을 갈아준다.
3 2의 백복령을 곱게 간 후 베보자기로 비틀어 짜서 즙을 받는다.
4 3의 즙을 가만히 두면 윗물이 맑아지는데 이때 물은 버린다.
5 가라앉은 복령 침전물을 건조시켜 가루로 만든다.
6 멥쌀은 3시간 이상 충분히 물에 불려 블렌더로 분량의 물을 넣고 곱게 간다.
7 6을 체로 친다.
8 돌냄비에 7을 끓여 죽을 만든다.
9 5를 8과 함께 1큰술(16g)을 먹는다.

✳
백복령죽은 매우 좋은 자양 강장 음식으로 부종, 비만, 만성 설사, 소변이 잘 나오지 않을 때 좋다.
암 치료식으로도 좋다. 백복령으로 죽을 쑤어 먹으면 위에 부담도 없고 노인을 위한 영양식으로 훌륭하다.

枸杞子

구기자

補益精氣作丸服或浸酒服皆佳

『동의보감』「본초」

정기를 보하고 더해준다.

환으로 만들어 먹거나 술에 담갔다가 먹는 것 모두 좋다.

구기자는 오랫동안 강장제로, 정수(精髓)를 보충하는 치유제로서 민간에서는 구기자차와 구기자술을 상복해왔다. 또한 장수의 명약으로 노화로 인해 나타나는 여러 증상을 개선하는 안티에이징 식품이기도 하다. 시력이 약해졌을 때, 허리가 아프고 무릎에 힘이 없을 때, 신경 쇠약증으로 힘들 때, 마른기침이 나고 기운이 없고 몸이 허약할 때 구기자를 먹으면 좋다. 수면 장애, 심혈관 질환, 혈액 순환 장애에도 좋고 정액과 호르몬 분비를 촉진하는 식품이기도 하다.

닭곰탕
구기자

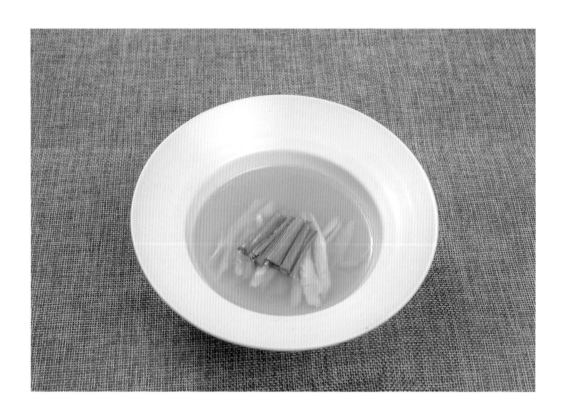

토종닭 1마리(1.2kg), 쌀뜨물, 구기자 2큰술, 대추 2개
마늘 6알, 대파 1/2뿌리, 소금, 후추

닭곰탕 곁들임 양념
부추, 소금, 후추

1. 닭은 깨끗하게 손질한 후 씻는데, 마지막 헹굴 때는 쌀뜨물로 한다.

2. 베보자기에 구기자, 대추, 마늘, 대파를 넣는다.

3. 솥에 1과 2를 담고 닭이 잠길 만큼의 물을 붓고 끓인다.
   끓어오르면 불을 줄여 40분 정도 더 끓인다.

4. 닭이 푹 무르면 건져 식힌다. 닭살을 발라 한 입 크기로 찢는다.
   육수는 면보에 걸러 준비한다.

5. 부추는 3cm 정도 길이로 썬다.

6. 뚝배기에 닭살과 육수를 넣고 끓인다.
   끓어오르면 부추, 소금, 후추를 넣는다.

*
구기자 닭곰탕은 사계절 모두 즐길 수 있는 보양식이다.
여름철에 찬 음식을 과하게 먹어 속이 냉해졌을 때 닭고기와 구기자 같은 따뜻하고 평한 식재료로
탕을 끓여 먹으면 몸이 편안해지고 원기가 회복된다.

구기자환

재료 및 분량

구기 껍질 100g, 구기자 100g, 청주, 꿀

만드는 방법

1 구기 껍질과 구기자를 그늘에 말려 청주에 담가 하룻밤 둔다.

2 1을 건져 햇볕에 말린다.

3 2를 곱게 빻아 가루로 만든다.

4 3에 꿀을 넣고 골고루 섞어 반죽한다.

5 4를 오동나무씨 크기로 둥글게 빚어 환을 만든다.

　　하루에 3회 물과 함께 2~3알(8g)씩 먹는다.

구기자술

재료 및 분량

구기자 3kg, 청주 40ℓ

만드는 방법

1 구기자는 붉게 익었을 때 채취하여 깨끗이 씻는다.

2 1의 물기를 제거하고 거칠게 간다.

3 청주에 2를 넣고 밀봉한다.

4 7일 후 3을 걸러서 찌꺼기를 제거한다.

5 4를 밀봉하여 보관하고 상복한다.

✳

『동의보감』에는 "구기자 5되를 갈아 청주 2말에 담갔다가 7일째 되는 날 찌꺼기는 버리고 마신다.
처음에는 3홉으로 시작하여 점차 임의대로 마시면 보익(補益)이 된다"라고 했다.

산수유
山茱萸

添盆精髓能秘精煎丸服並佳

『동의보감』「본초」

정을 보태주고 더해준다. 정을 간직할 수 있게 한다.
달여서 먹거나 환으로 만들어 먹는 것 모두 좋다.

산수유는 이른봄 잎이 나기 전에 노란 꽃이 피고 8~10월에는 타원형의 열매가 달린다. 옛 풍속에 9월 9일 중구절에 산수유를 주머니에 넣어 차고 다니면 사악한 기운이 물러간다고 하였다. 늦은 가을과 초겨울에 열매가 붉어지면 채취하는데, 초겨울 서리를 맞은 것이 좋으며, 크고 육질이 두껍고 부드러우며 윤기가 있고 자홍색을 띠는 것이 좋다.

산수유 맛은 시고 떫으며 성질은 약간 따뜻하다. 간과 신장에 효능이 있다. 『동의보감』에는 신장을 튼튼히 하고 남성의 정액을 풍부히 생성하고 정력을 젊게 유지해준다고 하였다. 허리와 무릎에 통증이 있거나 시릴 때 효능이 있고, 여성의 월경 과다 증상을 치료해준다. 오줌이 잦은 증상도 낫게 한다. 먹는 방법은 끓는 물에 살짝 데쳐 씨를 제거하고 햇볕에 말린 후 달여서 먹거나 환으로 만들어 먹는다. 또 술을 담가 마신다.

산수유탕

*
산수유는 과육을 약용으로 많이 사용하는데, 『동의보감』과 『향약집성방』에는
강음(强陰), 신정(腎精)과 신기(腎氣)를 보강한다고 했다.
민간에서는 차 또는 술에 담가서 강장제로 많이 썼다.

재료 및 분량

건산수유 20g, 물 5컵

만드는 방법

1. 말린 산수유와 분량의 물을 솥에 넣고 끓인다.

2. 처음에는 센 불에서 끓이다가 끓어오르면 중불에서 끓인다.

3. 2의 물이 반 정도 줄었을 때 건더기는 건져내고 맑은 물을 마신다.

산수유환

재료 및 분량

건산수유 100g, 꿀

만드는 방법

1 말린 산수유를 절구에 넣고 찧어 가루로 만든다.

2 1에 꿀을 넣고 반죽한다.

3 2를 오동나무씨 크기로 둥글게 빚어 환을 만든다.
   한 번에 2~3알(8g)씩 하루에 3회 먹는다.

나박김치
산수유

씨를 제거한 건산수유 20g, 물 2½컵, 배즙 1컵, 소금 2작은술

배춧잎 3쪽, 무 100g, 배 1/4쪽, 미나리 2줄기, 실파 2뿌리

마늘 3알, 생강 2쪽, 고운 고춧가루 1/2작은술, 소금

224

1. 건산수유는 물에 깨끗이 씻는다. 돌솥에 물과 산수유를 넣고 끓인다.

   끓어오르면 불을 줄이고 뭉근하게 끓인다.

   물이 반으로 줄어들면 불에서 내려 식혀둔다.

2. 1이 식으면 고춧물을 들인다. 베보자기에 고춧가루를 올려놓은 후

   베보자기로 감싸고 산수유 달인 물에 담가 베보자기를 꾹꾹 눌러가며 고춧물을 우려낸다.

3. 2에 소금을 넣어 간을 한다.

4. 배춧잎과 무는 깨끗이 씻은 후 3cm×3cm×0.2cm 크기로 나박썰기 한다.

5. 배는 껍질을 벗기고 나박썰기 하고 미나리와 실파는 깨끗하게 다듬어 3cm 길이로 썬다.

6. 마늘은 꼭지를 떼고 곱게 채로 썬다. 생강도 껍질을 벗긴 후 곱게 채로 썬다.

7. 넓은 볼에 준비한 모든 재료들을 골고루 섞은 후 통에 담는다.

8. 7에 미리 준비한 3를 부어주고 실온에서 2일 정도 숙성한 후 냉장 보관한다.

＊
산수유 나박김치는 피로 회복에 좋다. 따뜻한 성질의 산수유와 배추, 무, 배 등
차가운 성질의 나박김치 재료들이 어우러져 몸이 냉해지는 여름에도 부담 없이 먹을 수 있다.
마늘, 생강, 고춧가루 등 각종 양념들도 음양의 조화를 맞춰준다.

검인 茨仁

卽芡也益精氣能秘精氣爲末或散或丸或作粥服

『동의보감』「본초」

검인이다. 정기를 보하고 능히 정기를 간직하게 한다.

가루로 만들어 가루 그대로 먹거나 환을 만들어 먹거나 죽을 쑤어 먹는다.

　　　　우리 선조들은 정기를 보호하기 위해 자양 강장에 뛰어난 장수 식품으로 검인을 오랫동안 애용해 왔다. 성 기능이 약해지거나 기운이 없을 때 검인을 먹으면 좋아지는데, 남자의 경우 유정(遺精)이나 조루에 효과가 있고 여자는 대하증이 있을 때 효과를 본다. 정신을 맑게 하는 양생법을 평생 실천한 송나라의 문호 소동파는 매일 검인 10~20알을 씹어 먹고 65세까지 장수하며 문장으로 이름을 날렸다.

검인 밤죽

재료 및 분량

검인 가루 60g, 멥쌀 1/2컵, 밤 10개

물 6컵, 소금 약간

1. 멥쌀은 깨끗이 씻은 후 3시간 이상 불려 체에 건진다.

   멥쌀에 물을 조금씩 넣어가며 곱게 간 다음 체에 내린다.

   멥쌀가루와 검인 가루를 섞는다.

2. 밤은 껍질을 벗긴 후 곱게 갈아 체에 내린다.

3. 솥에 1, 2의 재료를 넣고 물을 부어 끓인다.

   끓어오르면 불을 줄이고 나무주걱으로 저어가며 뭉근하게 끓인다.

4. 3이 퍼지기 시작하면 소금으로 간을 한다.

＊

검인과 멥쌀은 평한 성질을 갖는다.

밤은 평하면서 따뜻한 성질이므로 검인 밤죽은 성질이 온화한 재료들을 화합한
별미 죽이다. 누구나 부담 없이 자양 강장식으로 즐길 수 있다.

검인환

재료 및 분량

검인 720g, 꿀

만드는 방법

1 검인의 껍질을 벗긴 후 깨끗이 씻은 후 햇볕에 말려 가루로 만든다.

2 1의 가루에 꿀을 넣고 반죽하여 오동나무씨 크기의 환으로 만든다.

   1회 복용량은 2~3알(8g)이다.

覆盆子

복분자

主腎精虛竭酒浸蒸乾爲末或散或丸服

『동의보감』「본초」

신장의 기가 허약해서 정액이 고갈된 상태를 치료한다.
술에 담갔다가 쪄서 말려 가루로 만들어 가루 혹은 환을 만들어 먹는다.

　　복분자딸기는 장미과의 낙엽 관목으로 줄기에 나 있는 가시가 장미처럼 큰 것이 특징이다. 5~6월 경에 꽃이 피고 7~8월경에는 붉은 열매인 복분자를 맺는데, 나중에는 흑색으로 변하기 때문에 먹딸기라고 도 부른다. 한약재로 쓸 때에는 복분자가 녹황색으로 변할 때 덜 익은 걸 따서 사용한다. 다 익은 복분자는 식재료로 사용한다.

　　복분자는 단맛과 신맛이 어우러진 맛이며 성질은 따뜻하다. 간, 방광, 신장에 작용하여 오장을 두루 편안하게 한다. 남성의 성기능을 강화하고 여성에게는 임신을 도와주고 피부를 곱게 한다. 허약한 체질을 튼튼하게 하고 눈을 밝게 한다. 즙을 짜서 바르면 흰머리가 잘 생기지 않는다. 몸에 기운이 없어 무기력하고 눈이 침침할 때 먹으면 효과가 있다. 『본초』에는 복분자를 채취해 햇볕에 말렸다가 사용할 때 껍질과 꼭지 를 제거하고 술로 쪄서 먹으면 신장의 정[腎精, 신장의 정기]을 보충하고 소변 새는 것도 그친다고 했다. 말 린 복분자를 가루나 환으로 만들어 먹으면 좋다. 방광에 열이 있는 사람은 먹지 않는다.

떡갈비구이 복분자

재료 및 분량

다진 소 갈빗살 600g

다진 돼지 갈빗살 400g

양파 100g

복분자 가루 50g

떡갈비 양념장

진간장 5큰술, 꿀 2½큰술

잘 익은 복분자 즙 4큰술, 다진 대파 2큰술

다진 마늘 1큰술, 참기름 1큰술

깨소금 2작은술, 후추 약간

구이 소스

참기름 2큰술

간장 2큰술

꿀 2큰술

1. 갈빗살은 핏물을 면보로 닦아낸다.

2. 양파는 곱게 다진 후 팬에 볶아 물기를 제거하고 식힌다.

3. 넓은 볼에 떡갈비 양념장을 넣고 갈빗살과 볶은 양파, 복분자 가루를 넣고 섞는다.
   양념이 골고루 배이도록 치대어준다.

4. 3을 끈기가 생기도록 충분히 치댄 다음 둥글납작하게
   떡갈비 모양으로 빚는다.

5. 석쇠에 기름을 칠 한 후 떡갈비를 앞뒤로 익혀낸다.

6. 고기가 익으면 구이 소스를 골고루 발라 굽는다.

7. 윤기가 나도록 구워지면 접시에 담는다.

＊
떡갈비란 갈비를 떡 모양으로 만든 찬품을 말한다.
전라남도를 중심으로 외식업체에서 메뉴로 만든, 역사가 짧은 찬품이다.
갈빗살은 대체로 냉한 성질이기 때문에 복분자를 넣어 만들면 훨씬 몸에 부담이 줄어든다.

복분자 정과

재
료
및
분
량

잘 익은 복분자 200g, 흰 꿀 1컵, 물 1/2컵, 생강즙 1큰술

1. 잘 익은 복분자는 깨끗이 씻어 건져 물기를 뺀다.

2. 돌솥에 복분자, 물을 넣고 끓인다. 끓어오르면 꿀, 생강즙을 넣고 뭉근하게 끓인다.

3. 복분자에 꿀이 배어들고 꿀물이 자작하게 남으면 불을 끈다.

4. 그릇에 3을 모두 부어 하룻밤 둔다.

5. 4를 체에 부어 여분의 꿀은 제거하고 복분자 정과만 담아 보관한다.

﹡

여분의 꿀물은 버리지 말고 단맛이 필요한 요리에 양념으로 활용한다.
복분자 정과를 만들듯 복분자 과편을 만들 수도 있다.
과일즙을 굳혀서 묵처럼 만든 것을 '과편(果片)'이라고 하는데
복분자와 꿀, 생강즙을 푹 조려서 체에 걸러 얻어진 즙을 고처럼 달이면 젤리 모양의
복분자 과편이 만들어진다.
최근에는 녹두 녹말을 물에 풀어 넣어 굳히는 방법을 사용한다.
열성(熱性)으로 소변이 조금 나오면서 맑지 못하거나
신장의 기가 허하여 열이 있는 경우는 복분자를 먹지 않는다.

복분자 가루와 환

재료 및 분량
미성숙 복분자 1.2kg, 청주, 꿀

만드는 방법

1 녹색의 미성숙한 복분자를 채취하여 깨끗하게 씻는다.

2 1을 청주에 담갔다가 건진다.

3 김이 오른 시루에 2를 넣고 쪄낸다.

4 3을 채반에 담아 햇볕에 말린다.

5 4를 절구에 찧어 가루로 만든 다음 한 번에 1½작은술(8g)씩 물과 함께 먹는다.

6 또는 5의 복분자 가루에 꿀을 넣고 반죽하여 오동나무씨 크기로 환을 만든다.
   한 번 먹는 양은 2~3알(8g)이다.

﹡

복분자 가루는 오장을 편안하게 하고 정력을 강화하며 몸을 가볍게 한다.
흰 머리칼도 검게 만들어주고 얼굴빛을 생기 있게 하는 등 노화 예방에도 좋다.

胡麻

흑임자

卽黑脂麻也 塡精髓 酒蒸半日晒乾爲末或散或丸服皆佳

『동의보감』 「본초」

정수를 채워준다. 술에 담갔다가 쪄서 반나절 동안 햇볕에 말려 가루로 만들어 먹는다.
가루 혹은 환을 만들어 먹는 것 모두 좋다.

특유의 고소한 맛을 가진 흑임자는 식재료로도 훌륭하지만 약리작용 또한 뛰어나 강력한 항산화 효과를 지닌 노화 방지 식품으로 널리 애용되고 있다. 항암 효과, 당뇨 치료, 신장 기능 강화, 골다공증 예방 등 많은 효능이 있는데, 장년층과 노년층이 장기 복용하면 시력을 보호하고 몸의 신진대사를 활발하게 해주며 신장 기능을 강화하여 새치나 탈모를 예방한다. 흑임자의 가장 유효한 효능은 뇌세포 활성화와 뇌 질환 예방이다. 흑임자의 유효 성분이 신경전달물질을 생성하여 뇌세포를 활성화함으로써 치매와 같은 뇌 질환을 예방하고 집중력을 강화한다. 또한 칼슘이 풍부해서 골다공증 예방에도 좋다.

흑임자 찰떡

흑임자 가루 1/2컵, 찹쌀가루 2½컵

소금 1/2작은술, 꿀 2큰술, 거피 팥고물

떡 속에 넣을 재료

대추 5개, 밤 5개, 잣 20알, 물 1/2컵, 꿀 3큰술

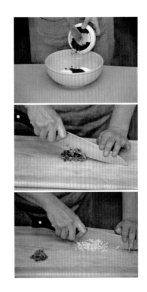

1. 찹쌀은 3시간 이상 불린 후 물기를 완전히 빼서 소금을 넣고 빻아 가루로 만든다.

2. 1에 흑임자 가루와 꿀을 섞고 골고루 비빈 다음 체에 내린다.

3. 대추는 씨를 빼고 굵게 다진다.

   밤은 껍데기를 벗기고 대추와 같은 크기로 썬다. 잣은 고깔을 뗀다.

4. 냄비에 물을 넣고 끓으면 꿀, 대추, 밤, 잣을 넣고 가볍게 조려낸 후 식힌다.

5. 2에 4를 넣고 골고루 섞는다.

6. 시루에 젖은 면보를 깔고 거피 팥고물을 고르게 편 다음 5를 골고루 펼쳐 올린다.

7. 6에 거피 팥고물을 골고루 올려서 쌀가루가 보이지 않게 한다.

8. 찜솥에 안친다. 뚜껑을 닫지 않고 가열하다가 김이 고물 위로 올라오면

   뚜껑을 닫고 20분 정도 찐 다음 약한 불에서 5분 정도 뜸을 들인다.

9. 뜸 들이기가 끝나면 시루를 엎어 떡을 한 김 식히고 썰어 담는다.

연근샐러드
흑임자

재료 및 분량

연근 50g, 어린잎 채소 50g

흑임자 드레싱
흑임자 가루 2큰술, 레몬즙 1큰술, 플레인 요구르트 4큰술
간장 1작은술, 소금 약간

1. 연근은 껍질을 벗기고 0.2cm 뚜께로 얇게 저며 썬 후 끓는 물에 데친다.
   찬물에 헹궈 물기를 제거한다.
2. 어린잎 채소는 깨끗하게 씻은 후 찬물에 담갔다가 싱싱해지면 건져 물기를 뺀다.
3. 볼에 흑임자 드레싱 재료를 넣고 골고루 섞고 소금으로 간한다.
4. 샐러드 접시에 어린잎 채소와 연근을 담고 흑임자 드레싱을 끼얹는다.

흑임자 가루와 환

재료 및 분량

흑임자 620g, 청주, 흰 꿀

만드는 방법

1. 흑임자는 깨끗이 씻어 청주에 담갔다가 건져서 시루에 담아 쪄낸 다음
   채반에 펼쳐서 햇볕에 반나절 말린다.
2. 1을 절구에 담아 찧어 가루로 만든다. 한 번에 1½작은술(8g)씩 물과 함께 먹는다.
3. 또는 2의 가루에 흰 꿀을 넣고 반죽하여 오동나무씨 크기의 환을 만든다.
   한 번 먹는 양은 2~3알(8g)이다.

3부

기를 통하게 하고 면역력을 높이는 음식

기
(氣)
와
질
병

『동의보감』에서 '기(氣)'란 생명을 활동하게 하는 에너지로 온몸을 돌면서
각 장기를 기능하게 한다고 하였다. 정은 생명을 만드는 원천적 토대이며, 기
는 살아 있게 하는 에너지이다. 사람이 살아 있다는 것은 기가 모여 있는 것
이며 기가 흩어지면 죽는다고 했다. 기는 생명을 활성화하는 근원적 에너지
이자 면역력이라고 할 수 있다. 기는 오장육부의 활동만이 아니라 감각을 주
관하기도 한다. 기는 정에서 생성되는 것이지만 정, 기, 신이 서로 상호작용
을 한다는 점에서 기는 정과 신의 뿌리이기도 하다.

『동의보감』에 따르면 기는 호흡 활동과 음식의 영양분에서 얻을 수 있다고
하였다. 하지만 기의 흐름에 문제가 생겨 원활하게 순환하지 못하면 병이 생
기며, 모든 통증도 기가 막혀서 생긴다고 하였다. 나이 20세가 되면 기가 가
장 왕성해지는데, 욕망을 적게 쓰고 수고로움을 적게 하면 기가 길어진다.
기가 상하거나 적어지면 몸이 약해지고, 몸이 약해지면 병이 나고, 병이 나
면 생명이 위태로워진다. 따라서 3부에서 다루는, 기를 되살리는 음식을 통
해 기 순환이 원활하게 이루어지도록 다스려야 한다.

인삼 人蔘

補五藏氣不足又治氣弱氣短氣虛或煎或末或熬膏多服妙

『동의보감』

오장의 기가 부족한 것을 보한다.

또한 원기가 약한 것[氣弱], 기력이 아주 미약하여 체질이 기운차지 못한 것[氣短],

원기가 허약해서 담이 성한 것[氣虛]을 다스린다.

달이거나 가루 내어 먹거나 달여서 고로 만들어 많이 먹으면 좋다.

인삼은 극동 지역에서 나는 두릅나무과 식물의 뿌리로 효능이 탁월하여 신이 내린 약초, 불로장생의 영약으로 알려져왔다. 재배 인삼은 8월에서 10월에 채취하고 산삼은 5월에서 10월 채취하여 햇볕에 말려 사용한다. 땅에서 캐어 말리지 않은 것이 수삼(水蔘), 껍질을 벗기거나 벗기지 않고 햇볕에 말린 것이 백삼(白蔘), 수삼을 쪄서 말려 붉은 빛깔이 나는 것이 홍삼(紅蔘), 당(설탕, 꿀 등)으로 가공한 것이 당삼(糖蔘)이다.

예부터 우리나라 인삼은 약효가 탁월한 것으로 자자한데, 삼국시대에는 중국에서 귀한 선물로 인기가 높았으며, 다른 인삼과 구분하기 위해 '고려인삼'이라 칭했다는 기록이 있다. 워낙 귀한 약재였기에 조선시대에는 다른 나라로 밀반출할 경우 목을 베는 형벌에 처해지기도 했다.

인삼의 맛은 달고 성질은 약간 따뜻하며 독이 없다. 비장, 심장, 폐에 작용하여 몸속 진액을 만든다. 『동의보감』에는 인삼의 효능을 "마음을 진정시키며 가슴이 두근거림을 멎게 하고 심기를 잘 통하게 하며 기억력을 좋게 하고 잊지 않게 한다"라고 하였다. 또한 "눈을 밝게 하고 심장을 열어주며, 비위를 좋게 하고 위를 보호하여 음식을 잘 소화할 수 있도록 한다"라고도 기록되어 있다. 인삼은 노두(머리 부분)를 제거하고 사용하며, 달이거나, 가루 내어 먹거나, 달여서 고로 만들어 많이 먹으면 좋다. 인삼은 좀이 잘 먹으므로 깨끗한 그릇에 잘 밀봉해두어야 한다.

수삼 백김치

제료및분량

배추 절임

배추 2kg, 물 10컵, 소금 1컵

절임 배추 속에 뿌리는

소금 1/4컵

속재료

수삼 200g, 배 1/2개

무 1/10개(100g), 쪽파 7뿌리

마늘 7알, 밤 3개, 대추 5개

석이버섯 약간, 멸치액젓 2큰술

김치 육수

양지머리 1kg, 마늘 5알

대파 1뿌리, 청주 1/4컵

물 15컵

새우젓 2큰술, 소금

1. 배추는 반으로 갈라 물과 소금을 섞어 만든 절임물에 담가 절인다.
   소금물에 충분히 적신 후 배추 속에 소금을 뿌려 하룻밤 절인다.
   절인 배추는 깨끗이 씻어 물기를 뺀다.

2. 배와 무는 껍질을 벗긴 후 4cm×0.3cm 크기로 채를 썬다.

3. 쪽파는 깨끗하게 다듬어 4cm 길이로 썬다.

4. 대추는 씨를 빼고 곱게 채 썬다. 마늘도 곱게 채로 썬다.
   밤은 껍데기와 껍질을 까고 곱게 채 썬다.

5. 수삼은 노두(머리 부분)를 제거하고 깨끗이 씻은 다음 채 썬다.

6. 석이버섯은 따뜻한 물에 불린 후 소금으로 비벼 씻고 곱게 채 썬다.

7. 2~6의 재료에 멸치액젓을 넣고 버무린다.

8. 1의 배추에 7을 골고루 채운다.

9. 김치통에 8를 차곡차곡 담은 후 거친 잎으로 김치 위를 덮는다.

10. 냄비에 김치 육수 재료를 넣고 끓여 육수를 만든다.

11. 10이 식으면 면보에 걸러 기름을 제거한 후 새우젓으로 간을 한다.
    부족한 간은 소금으로 조절한다.

12. 9에 11의 국물을 붓고 실온에서 숙성시킨다.

※
수삼이 더운 성질이므로 배를 첨가하여 평하게 균형을 맞췄다.
김치와 같이 평소에 즐겨 먹는 음식은 차갑거나 뜨거운 쪽으로 치우치지 않도록 해야 한다.
다양한 재료를 선택하여 음양의 조화를 이루도록 조합한다.
양지머리 육수는 따뜻한 성질이므로 김치, 채소 재료의 차가운 성질을
보완하고 깊은 맛을 내준다.

수삼 깍두기

재료및분량

수삼 1kg, 무 1개(1kg)
소금 1/3컵

찹쌀풀

찹쌀가루 2큰술, 물 2컵

양념 재료

새우젓 4큰술, 거친 고춧가루 4큰술
고운 고춧가루 4큰술
다진 대파 6큰술
다진 마늘 3큰술, 다진 생강 1큰술

1. 수삼은 깨끗이 손질하여 노두를 제거하고 깍둑썰기 한다.

2. 무도 깨끗이 손질하여 깍둑썰기 한다.

3. 1과 2를 합하여 소금을 뿌려 가볍게 절인다.
   숨이 죽으면 소쿠리에 건져 물기를 뺀다.

4. 물에 찹쌀가루를 풀고 나무주걱으로 저어주면서 끓인다.
   끓어오르면 불을 줄이고 서서히 끓이다가 투명하게 맑아지고
   걸쭉한 농도가 되면 불을 끄고 식힌다.

5. 넓은 볼에 4를 담고 깍두기 양념 재료를 합해서 골고루 섞는다.

6. 5에 물기 뺀 수삼과 무를 넣고 버무린다.

7. 밀폐 용기에 버무린 깍두기를 차곡차곡 담고 위를 눌러준 다음
   실온에서 숙성한다.

✽
수삼을 너무 많이 사용하면 매운 고춧가루와 섞여 열성이 강해진다.
이때 차가운 성질의 무를 첨가하여 평한 음식으로 만들 수 있다.

인삼가루

재료 및 분량
백삼 300g

만드는 방법
1 백삼은 깨끗이 씻어 노두를 제거한다.
2 1을 채반에 담아 햇볕에 잠깐 말린다.
3 2를 절구에 찧어 가루로 만든다. 하루에 3회 물과 함께 먹는데, 한 번 먹는 양은 1½작은술(8g)이다.

✽
백삼은 인삼을 찌지 않고 말린 건인삼이다.

인삼탕

수삼의 백색은 금(金), 즉 폐에 좋으므로
호흡기 건강에 도움을 주며,
건삼의 황색은 토(土), 즉 비장에 좋으므로
소화기에 좋고,
홍삼의 적색은 화(火), 즉 심장에 해당하므로
순환기에 도움을 준다.

재료 및 분량

백삼 100g, 물 10컵

만드는 방법

1. 백삼을 깨끗이 씻어 물기를 없앤다.
   노두가 있다면 제거한다.
2. 돌그릇에 1의 백삼과 분량의 물을 합하여 뭉근한 불에서
   절반이 되도록 달인다.

수삼고

재료 및 분량
수삼 3kg, 물 50컵

만드는 방법
1 수삼은 깨끗이 씻어 다듬고 노두를 없앤 다음 잘게 썬다.
2 탕기에 1을 넣고 분량의 물을 합하여 뭉근한 불에서 끓인다.
3 2의 물 양이 절반으로 줄어들면 달인 물을 걸러낸다.
4 2와 3의 과정을 3회 반복한다.
5 달여 걸러둔 수삼 물을 모두 합하여 뭉근한 불에서 오랫동안 저어가며 졸인다.
6 5의 농도가 진하게 고가 될 정도로 농축되면 사기 항아리나 유리병에 담아 보관한다.
7 하루에 5~6작은술을 먹는데 때에 따라서 미음과 함께 먹어도 된다.

✳
『동의보감』에는 인삼차의 효능을 "원기가 허해서 정신이 또렷하지 않으며
정상적인 언어로 대화할 수 없는 증상을 치료하는 데 좋다"라고 하였으며,
『정전(正傳)』에는 "수삼의 노두를 제거하고 잘게 썰어 은이나 돌그릇 안에 넣고 물을 합하여 끓여서
매번 1~2숟가락씩 백비탕에 먹는다"라고 하였다. '백비탕'은 끓인 물을 말한다.

"음식이 곧 약이다." "음식으로 몸을 다스러라."
이러한 '약선(藥膳)'과 '식치(食治)'는 『동의보감』의 바탕이 되는 식(食)의 철학이다.
전통 한식의 핵심은 '약선'을 통한 '식치'에 있다.

편자강황

片子薑黃

治氣爲最能治冷氣刺痛末服煮服皆佳

『동의보감』「본초」

기를 다스리는 데 가장 좋다. 냉기와 찌르는 듯이 아픈 통증을 다스린다.
가루로 먹거나 달여서 먹는 것 모두 좋다.

출처 한국콘텐츠진흥원 컬처링

　　카레의 원료로 쓰이는 강황은 오래전부터 우리 선조들이 애용해온 약재로 인도에서 유래했다. 가을과 겨울에 강황 뿌리줄기를 채취하여 졸여서 익히거나 쪄서 햇볕에 말려 사용한다. 강황과 비슷한 약재로 울금이 있는데, 강황은 뿌리에 생강처럼 달리며 울금은 긴 타원형 모양으로 달린다. 강황은 노란색으로 쓴맛이 강하고 성질이 따뜻하지만, 울금은 진한 오렌지색으로 매운맛이 강하고 성질은 차갑다. 세계적으로 강황이 가장 많이 재배되고 있고 국내에서는 대부분 울금이 생산된다.

　　강황에 풍부하게 함유된 커큐민 성분은 항산화, 항종양, 항염 작용을 하여 항암 식품으로 인기가 높고 면역력 강화, 간 기능 회복에 좋다. 간, 심장, 폐에 효능을 보이며 평소 몸이 찬 사람이 먹으면 좋다.

강황 조청

재료 및 분량

멥쌀 3컵, 엿기름 가루 1/2컵
물 10컵

강황탕

강황 30g
물 5컵

1. 멥쌀을 씻어서 3시간 이상 불려 쪄서 뜨거울 때 넓게 펴서 한 김 식힌다.

2. 강황을 깨끗이 씻어 얇게 저민 후 돌솥에 물을 넣고 끓인다.

    끓어오르면 불을 줄이고 뭉근하게 끓인다.(강황탕)

3. 강황의 맛이 충분히 우러나면 체에 걸러내고 건더기는 버린다.

4. 엿기름을 물과 섞어 주물러서 체에 밭친다.

    건더기는 버리고 밭힌 엿기름 물은 30분 정도 가만히 두었다가 윗물만 채취한다.

5. 엿기름 윗물을 1과 섞어 전기밥통에 넣고 7~8시간 정도 삭힌다(밥알이 7알 정도 떠오를 때까지).

6. 5의 삭힌 밥을 베자루에 넣고 물이 나오지 않을 때까지 짜낸다.

7. 6의 삭힌 물을 돌솥에 넣고 끓인다.

    떠오르는 거품을 제거하고 눌지 않도록 자주 저어준다.

8. 7의 양이 1/3 정도로 졸아들면 3의 강황탕을 넣고 조청이 될 때까지 졸인다.

    나무주걱을 위로 들었을 때 조청이 되직하게 흘러내릴 정도로 농도를 맞춘다.

✻
강황을 넣어 만든 조청은 성질이 따뜻하다.
따라서 겨울철 식재료로 활용하거나 평소 몸이 찬 사람이 상복하면 좋다.

강황 가루

재료 및 분량

강황 100g

만드는 방법

1   강황은 깨끗이 다듬고 씻어 물기를 뺀다.

2   1을 편으로 얇게 썬 다음 채반에 담아 건조시킨다.

3   2를 절구에 찧어 가루로 만든다.

4   3을 체에 내려 고운 가루를 채취한다. 남은 찌꺼기는 다시 절구에 넣고 찧기를 반복한다.

5   4를 한 번에 1½작은술(8g)씩 물과 함께 먹는다.

강황탕

재료 및 분량

강황 10g, 물 5컵

만드는 방법

1 강황은 깨끗이 다듬고 씻어 물기를 뺀다.

2 1을 편으로 얇게 썬 다음 채반에 담아 건조시킨다.

3 돌냄비에 2와 분량을 물을 붓고 끓인다. 끓어오르면 뭉근한 불에서 끓인다.

4 3이 절반으로 줄어들면 하루에 3회 나눠 마신다.

강황환

재료 및 분량

강황 20g, 꿀

만드는 방법

1 강황은 깨끗이 씻어 편으로 썬 다음 찜통에 넣고 살짝 쪄낸 후 채반에 널어 바싹 말린다.

2 1을 절구에 찧어 가루로 만든다.

3 2에 꿀을 합하여 섞는다.

4 3이 골고루 섞여 반죽이 되면 지름 0.7cm 크기로 환을 만든다.

5 햇볕을 피해 바싹 말린 후 보관한다. 한 번에 2~3알(8g)씩 먹는다.

황기 黃芪

湯液日實衛氣 能溫分肉充皮膚肌腠理又能補上中下內外三焦之氣
東垣日肥白氣虛人宜多服蒼黑氣實者勿用煎湯服之佳

『동의보감』

탕액[1]에서는 "위기(衛氣)[2]를 따뜻하게 하고 피부를 따뜻하게 하며 피부를 충실하게 한다.
또 능히 몸의 상중하(上中下)와 안팎[內外]과 삼초(三焦)의 기를 보한다[3]"라고 하였다.
동원(東垣)[4]에서는 "살찌고 흰데 기가 허약한 사람은 마땅히 황기를 많이 먹고, 얼굴이 푸르고 검은 사람,
기가 실한 사람은 절대로 써서는 안 된다. 달여서 탕으로 먹으면 좋다"라고 하였다.

1 원나라 의학자 왕호고가 저술한 『탕액본초(湯液本草)』를 말한다.
2 섭취한 음식의 양분이 피부와 주리(腠理, 피부·근육·장부의 결체조직)를 튼튼하게 하여 몸을 보하는 기운.
3 수많은 조직의 결합으로 연결된 몸의 기를 보충한다는 뜻이다.
　가슴 이상 부위를 '상초', 가슴에서 배꼽까지를 '중초', 배꼽 이하를 '하초'라 하고 이 모두를 '삼초'라 한다.
4 원나라 명의 이고가 저술한 『동원십서(東垣十書)』를 말한다.

　　　　황기는 산간 중턱에서 잘 자라는 여러해살이풀로 보통 3년 이상 된 뿌리를 캐어 껍질을 벗기고 말린 것을 약재로 쓴다. 봄과 가을에 뿌리를 캐어 노두와 잔뿌리를 제거하고 햇볕에 말려 사용한다. 인삼과 더불어 중요한 약재로 쓰이는 황기는 중국 당나라 선종의 부인이 탈진하여 인사불성이 되자 방 안에서 황기를 오래 달여 향기로 치료하였다고 전해진다.

　　　　황기의 맛은 달고 성질은 따뜻하며 무독하다. 비장, 위, 폐에 효능이 있다. 우수한 자양 강장제로 체력이 급격히 떨어지고 식은땀을 흘릴 때 닭과 황기를 함께 끓여 먹으면 기력이 보충된다. 만성 쇠약증, 발한, 심장 쇠약, 호흡 곤란에 약효를 보이며, 이뇨 작용, 소화 기능 회복, 혈액 순환에도 좋다. 면역력 강화, 이뇨 및 강심 작용, 피부 방어 기능도 있으며, 소갈, 부종, 종기 치료를 위한 약재로도 쓴다. 황기는 무르고 부드러우며 화살같이 생긴 것이 좋다. 부스럼에는 생것으로 쓰고, 폐가 허한 데는 꿀물을 축여 볶아 쓰며, 하초가 허한 데는 소금물을 축여 볶아 쓴다고 하였다. 몸에 열이 심할 때에는 먹지 않는 것이 좋다.

황기 오리곰탕

재료 및 분량

오리 1마리(1.2kg), 건황기 15g

양념
다진 대파 1큰술, 다진 마늘 1작은술
소금, 후추

1. 오리는 내장을 제거하고 깨끗하게 씻는다.

2. 돌솥에 1과 건황기를 넣고 오리가 잠길 만큼 물을 부어 끓인다.
   끓어오르면 불을 줄이고 오리고기가 무르도록 40분 정도
   뭉근하게 끓인다.

3. 2의 오리를 꺼내어 한 김 식힌 후 살코기만 발라낸다.

4. 돌솥에 2의 육수와 오리뼈를 넣고 끓인다.
   끓어오르면 뭉근한 불에서 3시간 이상 끓여 뽀얀 국물이 나오도록 한다.

5. 4를 식힌 후 면보에 걸러 기름기를 제거한다.

6. 마늘은 곱게 다지고 대파는 송송 썬다.

7. 뚝배기에 3의 살코기와 5의 육수를 넣고 끓인다.
   끓어오르면 6을 넣고 끓여낸다. 소금과 후추는 식성에 따라 넣는다.

황기탕

재료 및 분량
황기 20g, 물 5컵

만드는 방법
1 황기는 곁뿌리를 제거하고 깨끗하게 씻는다.
2 황기를 채반에 담아 햇볕에서 말린다.
3 냄비에 황기와 물을 붓고 끓이다가 끓어오르면 뭉근한 불에서 물이 절반이 될 때까지 끓인다.
4 3을 하루에 3회 나누어 마신다.

황기 닭죽

재료 및 분량

생닭 1/2마리(300g), 건황기 10g, 다진 대파 2큰술, 다진 마늘 1큰술
찹쌀 1컵, 당근 40g, 참기름 2큰술, 실파, 소금, 후추

만드는 방법

1. 닭은 내장을 제거하고 깨끗하게 씻는다.

2. 돌솥에 1과 건황기를 넣고 닭이 잠길 만큼의 물을 부어 끓인다.

   끓어오르면 불을 줄이고 닭고기가 무르도록 30분 정도 뭉근하게 끓인다.

3. 2의 닭을 꺼내어 한 김 식힌 후 살코기만 발라낸다.

4. 2의 육수는 식힌 후 베보자기에 걸러 기름기를 제거한다.

5. 찹쌀은 깨끗이 씻어 3시간 정도 불린 후 체에 건져둔다.

6. 돌솥에 참기름을 두르고 5와 잘게 썬 당근과 다진 대파, 마늘을 넣고 투명해질 때까지 볶는다.

7. 6에 4를 부어 끓인다.

   끓어오르면 3의 살코기를 넣고 불을 줄여 쌀알이 퍼질 때까지 뭉근하게 끓인다.

8. 7이 충분히 퍼지면 그릇에 담는다.

   실파를 송송 썰어 올리고 소금과 후추를 곁들여 낸다.

생강 生薑

丹溪曰生薑散氣
湯液曰此藥能行陽而散氣煎服良

『동의보감』

단계(丹溪)*에서는 "생강은 기를 흩는다"라고 하였다.
탕액에서 이르기를 "이 약은 능히 양을 행하여 기를 흩는다.
달여서 먹으면 좋다"라고 하였다.

*원나라 의학자 주진형이 저술한 『단계심법(丹溪心法)』을 말한다.

생강은 생강과에 속하는 여러해살이풀로 대나무 잎과 비슷한 모양으로 자라며, 우리가 흔히 먹는 것은 뿌리줄기다. 우리나라 기후에서는 꽃이 피지 않으나 열대 지방에서는 8월에 잎집에 싸인 길이 20~25cm의 꽃줄기가 나오고 그 끝에 꽃이삭이 달리며 꽃이 핀다. 한방에서는 보통 뿌리줄기 말린 것을 약재로 쓴다.

생강의 맛은 맵고 독이 없으며 성질은 따뜻하다. 비장, 위, 폐에 효능이 있다. 위를 열어주고 음식을 소화시키며 체내에 막혀 있는 담을 제거한다. 생강을 매일 조금씩 오랫동안 먹으면 맥기가 끊어진 것을 원활히 소통시키고 혈맥을 통하게 한다.

공자는 『논어』에서 생강을 끊이지 않고 먹었다고 하였고, 우리 선조들의 옛 문헌에도 조선 왕들이 즐겨 먹었다는 기록이 있다. 선조는 기침이 날 때 생강과 귤껍질을 함께 달여 먹었다고 하고, 영조는 감기 들었을 때 생강과 소엽으로 끓인 차를 마셨다고 하며, 현종은 가래와 기침을 치료하기 위해 생강즙과 배즙 등을 꿀에 섞어 먹었다고 한다. 『동의보감』에는 생강이 뭉쳐 있거나 끊어진 기를 원활히 통하게 해준다고 하였다. 생강을 차로 마시면 좋은데, 말린 생강을 곱게 갈아 뜨거운 물에 타서 마시면 효능이 좋다. 또는 생강을 저며서 물에 넣고 끓여 마셔도 좋다. 대추나 꿀을 넣어서 마신다.

생강현미죽

재료 및 분량

현미 1/2컵, 물 3½컵

생강 100g, 물 5컵, 소금, 꿀

1. 현미는 깨끗하게 씻어 하룻밤 불린 다음 절구에 넣고 거칠게 빻는다.

2. 생강은 껍질째 깨끗하게 씻어 곱게 간다.

3. 2를 돌그릇에 담는다.

   물을 부어 떠오르는 것은 제거하고 가라앉은 것만 면보에 걸러 물기를 제거한 다음

   그늘에서 건조시킨다.

4. 돌솥에 1과 3의 생강 가루 20g을 넣고 물 3½컵을 부어 끓인다.

   끓어오르면 불을 줄이고 뭉근하게 푹 끓인다.

5. 4가 퍼지면 그릇에 담는다. 식성에 따라 꿀을 넣기도 한다.

6. 소금을 곁들인다.

*
생강의 껍질은 매우 차고 과육은 매우 더운 성질을 가지고 있다.
그러므로 생강의 열성(熱性)을 식치(食治)에 활용하고자 한다면 반드시
껍질을 완전히 제거해야 한다.

표고버섯밥

생강

재료 및 분량

찰보리쌀 3/4컵	**양념장**
생강 1쪽(50g)	간장 2큰술, 다진 대파 1큰술
건표고버섯 2개	다진 마늘 2작은술
물 3/4컵	깨소금 2작은술, 참기름 1큰술

만드는 방법

1. 찰보리쌀은 깨끗하게 씻어서 하룻밤 불린다.

2. 생강은 껍질을 벗기고 곱게 다져서 물에 헹구어 전분을 씻어낸다.

3. 건표고버섯을 물에 불려 부드러워지면 곱게 채로 썬다.

4. 돌솥에 1, 2, 3을 넣고 보리쌀과 동량의 물을 부어 끓인다.

   끓어오르면 불을 줄이고 푹 끓인다.

   물이 잦아들면 약한 불에서 뜸을 들인다.

5. 양념장을 만들어 곁들인다.

생강탕

생강 10g, 물 3컵, 꿀

1. 생강은 껍질째 씻어 편으로 썬다.

2. 돌냄비에 1과 분량의 물을 합하여 뭉근한 불에서 절반이 되도록 달인다.

3. 2를 베보자기에 밭친다.

4. 걸러낸 생강탕에 꿀을 알맞게 넣어 마신다.

✻

생강탕은 가래를 삭이고 감기 기운이 있을 때 몸이 회복하도록 돕는다.

구토가 나거나 천식 질환이 있을 때도 마시면 좋다.

오랫동안 상복하면 위장 활동을 촉진하여 소화 기능이 향상된다.

생강대추탕

재료 및 분량

생강 10g, 대추 5개, 물 2½컵
배 1/2개, 꿀

만드는 방법

1. 생강은 껍질째 깨끗하게 씻어 편으로 썬다.
2. 대추는 씨를 제거하고 배는 껍질을 벗긴 후 한 입 크기로 토막을 낸 후 모서리를 깎아낸다.
3. 돌냄비에 1, 2, 물을 합하여 끓인다.
   끓어오르면 뭉근한 불에서 절반이 되도록 달인다.
4. 3을 면보에 걸러낸다.
5. 걸러낸 생강대추탕에 식성대로 꿀을 넣어 마신다.

*
생강과 대추를 함께 끓여 마시면 속이 편안해지고 식욕을 돋운다.
대추를 넣으면 단맛이 많이 나서 설탕의 양을 줄일 수 있다. 꾸준히 마시면 위 기능이 회복된다.

후박 厚朴

主五藏一切氣又能走冷氣煎服佳

『동의보감』「본초」

오장 일체의 기를 주로 다스리며 능히 냉기를 흘린다.
달여 먹는 것이 좋다.

　　후박나무는 녹나무과의 수종으로 우리나라에서는 울릉도와 남쪽 바닷가의 산기슭에서 자란다. 약재로 쓰는 후박은 후박나무의 나무껍질인데, 녹갈색이며 회색 무늬가 있다. 4~6월에 20년 이상 자란 나무의 껍질과 뿌리껍질을 벗겨서 사용한다. 거친 겉부분을 벗겨서 그늘에서 말리고 온도를 조절하여 띄운 후 다시 말려 쪄서 부드럽게 되면 통 모양으로 말아서 말린 후 사용한다.

　　후박의 맛은 맵고 쓰며 성질은 따뜻하다. 비장, 위장, 폐장, 대장에 효능이 있다. 기의 순환을 촉진하고 헛배 부른 것을 치유하며 비장과 위를 따뜻하게 해주고 체내에 남아 있는 습을 없애며 가래를 삭이는 데 효과가 있다. 후박을 물에 달여서 복용하거나 환이나 가루로 만들어 먹는다. 임신부나 쇠약한 사람은 주의해서 먹어야 한다.

후박 조청

재료 및 분량

멥쌀 3컵, 엿기름 가루 1/2컵

물 10컵, 후박탕 1/2컵

1. 멥쌀은 씻어서 3시간 이상 불린다.

2. 1을 찜솥에 넣고 고들고들하게 지에밥을 짓는다.
   뜨거운 지에밥은 넓게 펴서 한 김 식힌다.

3. 엿기름은 물과 섞어 주물러준 후 건더기는 걸러 버리고
   남은 엿기름 물은 30분 정도 가만히 둔다.

4. 3의 엿기름 물을 윗물만 채취하여 2와 섞어 전기밥통에 넣고 보온으로 7~8시간 정도 삭힌다.
   밥알이 7알 정도 뜨기 시작하는 것으로 삭힌 정도를 확인할 수 있다.

5. 4의 삭힌 밥을 베자루에 넣고 물이 나오지 않을 때까지 짜낸다.

6. 5의 삭힌 물을 돌솥에 넣고 끓인다. 떠오르는 거품은 제거하고 눋지 않도록 자주 저어준다.

7. 6의 양이 3분의 1 정도로 졸아들면 후박탕을 넣고 조청이 될 때까지 졸인다.
   나무주걱을 위로 들었을 때 조청이 되직하게 흘러내릴 정도로 농도를 맞춘다.

후박탕

재료 및 분량

후박 줄기껍질 4g, 물 2½컵

만드는 방법

1 후박 줄기껍질을 채취해 깨끗하게 다듬는다.

2 가마솥에 물을 끓여 1을 삶듯이 데쳐낸다.

3 2를 습기가 있는 그늘에 놓아 식힌다.

4 3의 표면이 적빛 갈색으로 변하면 다시 가마솥에 넣고 쪄낸다.

5 4를 둥글게 말아 햇볕에 말린다.

6 5의 말린 것에서 4g을 취한 다음 물 2½컵을 합하여
   뭉근한 불에서 물이 절반이 될 때까지 달인다.

진피 陳皮

下氣又治逆氣

『동의보감』「본초」

기를 내린다. 또 기가 거꾸로 치미는 것을 다스린다.

湯液曰導胷中滯氣又能益氣若去滯氣橘皮三分加靑皮一分煎服

『동의보감』「본초」

탕액에서 이르기를 "가슴 속의 체기를 잘 이끌고 또 능히 기를 더한다" 하였다.

만약 체기를 없애려면 귤껍질 3푼에 청피 1푼을 넣어 달여 먹는다.

　　굴나무는 제주에서 570년 전부터 재배되어 오늘날까지 대중에게 가장 사랑받는 귤을 생산해왔다. 고려시대에는 왕실에 공납하였다는 기록이 있으며 조선시대에는 약용, 생과용, 제사용으로 널리 쓰인 중요한 과일이었기에 굴나무를 관리하는 관청까지 따로 있었다. 진피는 잘 영근 굴나무 과실의 껍질을 말린 것으로 색깔은 어두운 황갈색이고 오목한 자국이 많다. 안쪽은 흰색 혹은 연한 회갈색인데 오래 묵은 것일수록 좋다.

　　진피는 매우 강렬한 특유의 냄새가 나며, 맛은 맵고 쓰며 성질은 따뜻하다. 비장, 폐에 효능이 있다. 기가 뭉친 것을 풀어주고 비장의 기능을 강화하여 복부 창만, 트림, 구토, 메스꺼움, 소화불량, 헛배 부르고 나른한 증상, 대변이 묽은 증상을 치료한다. 해수, 가래를 없애주며 이뇨 작용을 한다.

진피청

재료 및 분량

진피 100g, 물 5컵, 꿀 1컵

만드는 방법

1. 성숙한 귤을 따서 껍질을 깨끗이 씻어 물기를 제거하고 채를 썬다.

2. 1을 바람이 잘 통하는 그늘에서 건조시킨다. 바싹 마른 진피를 한지에 싸서 보관한다.

3. 해가 지난 진피 100g을 돌솥에 담고 물을 부어 끓인다.
   끓어오르면 불을 약하게 하여 진피가 무르도록 끓인다.
   체에 진피 건더기를 걸러내고 달인 물에 꿀을 넣는다.

4. 3이 청이 될 때까지 약불에서 오래 달인다.

5. 밀폐 용기에 넣고 일주일 정도 숙성한 후 따뜻한 물에 타서 먹는다.

진피 청피탕

재료 및 분량

진피 2.4g, 청피 1g, 물 4컵

만드는 방법

1. 덜 익은 청귤을 따서 껍질을 바람이 잘 통하는 그늘에서 말려 1g을 취한다.
2. 성숙한 귤을 따서 껍질을 바람이 잘 통하는 그늘에서 말려 2.4g을 취한다.
3. 도기에 1과 2를 넣고 분량의 물을 넣는다.
4. 처음에는 센 불에서 끓인다.

    끓어오르면 뭉근한 불에서 절반이 되도록 달인다.

진피 가루

재료 및 분량
성숙한 귤 1kg

만드는 방법

1 잘 익은 귤을 채취하여 껍질을 벗긴다.
2 햇볕에 바싹 말린다.
3 해를 묵혀 보관한다.
4 3을 깨끗하게 닦은 후 곱게 빻는다.
5 4를 체에 밭쳐 고운 가루를 내린다.
6 5에서 거친 진피는 다시 곱게 빻아 체에 내린다.

    반복하여 고운 진피 가루를 만든다.

귤피청

재료 및 분량

성숙한 귤껍질 200g, 꿀 1½컵

만드는 방법

1. 성숙한 귤의 껍질을 깨끗이 씻어 물기를 제거하고 채를 썬다.

2. 넓은 볼에 1과 꿀을 합하여 골고루 섞는다.

3. 밀폐 용기에 넣고 일주일 정도 숙성한 후 따뜻한 물에 타서 먹는다.

＊

귤의 육(肉)은 차고 껍질은 따뜻한 성질을 갖고 있다.
기침을 다스리거나 가슴속의 체기를 다스리기 위해서는 귤껍질이 좋고
소갈을 그치게 하는 데에는 귤육이 좋다.

청피 青皮

主氣滯破積結及膈氣煎服末服並佳

『동의보감』「본초」

주로 기가 막힌 것을 다스린다.

딱딱해진 덩어리와 명치에 있는 기를 깨뜨린다. 달여서 먹거나 가루로 먹는 것 다 좋다.

　　청피는 귤나무의 덜 익은 열매 껍질을 말린 것이다. 7~8월에 어린 열매를 채취하여 쓴다. 조선시대에는 제주에서 청피와 진피(귤껍질 말린 것)를 상납받아 궁궐의 내의원과 전의감, 혜민서 등 의료 기관에서 약재로 썼는데, 물량이 달리면 중국, 일본에서 수입하기도 했다.

　　청량한 향이 나는 청피의 맛은 쓰고 매우며, 성질은 약간 따뜻하다. 『동의보감』에는 청피가 기를 잘 통하게 하고, 간과 담낭 두 경락의 약으로 쓰이며, 간에 기가 몰려 옆구리가 결리면서 아플 때 사용한다고 했다. 이때는 반드시 식초에 담갔다가 볶아서 써야 한다고 기록했다. 우리 선조들은 음식을 먹고 체했을 때, 가슴에 멍울 등이 생겼을 때, 학질에 걸렸을 때 청피를 사용했다. 달여서 먹거나 가루로 먹는 것 모두 좋다고 하였다. 몸이 허하여 기가 부족한 사람이나 땀이 많은 사람은 먹지 말라고 했다.

청피 오리볶음

오리 1마리	**양념장**	**추가 양념**
	간장 2큰술, 다진 대파 1큰술	생강 1쪽, 청피 가루 2작은술
	다진 마늘 2작은술	산초 가루 약간
	소금 1작은술, 참기름 2큰술	

1. 오리는 살만 발라서 가늘게 채 썬다.
2. 넓은 볼에 양념장 재료를 모두 합해 양념장을 만든다.
3. 2에 1을 넣고 조물조물 양념한다.
4. 팬에 3을 올리고 센 불에서 볶는다.
5. 오리고기가 익으면 생강과 청피 가루, 산초 가루를 넣고 살짝 볶은 후 그릇에 담는다.

＊
오리는 성질이 차다.
그래서 오리로 만든 음식은 갈증을 그치게 하고 오장의 열을 풀어준다.
찬 성질의 오리에 청피·생강·산초를 양념으로 넣어준다면
오리의 찬 성질이 보완된다.

청귤 껍질청

재료
및
분량

청귤 껍질 200g, 꿀 1컵

1. 덜 익은 귤의 껍질을 깨끗이 씻어 물기를 제거하고 채를 썬다.

2. 넓은 볼에 1을 넣고 꿀과 합하여 골고루 섞는다.

3. 밀폐 용기에 넣고 일주일 정도 숙성한 후 따뜻한 물에 타서 먹는다.

청피가루

재료 및 분량

청피 40g, 식초

만드는 방법

1 덜 익은 청귤을 따서 껍질을 벗긴다.

2 1의 청피를 식초에 담갔다가 축여지면 건져 햇볕에 말린다.

3 2를 절구에 빻아 고운 체에 내린다.

4 3에서 내리고 남은 거친 가루는 다시 찧어 체에 내리는 과정을 반복하여 고운 가루로 만든다.

청피
탕

재료 및 분량

청피 40g, 물 2½컵, 식초

만드는 방법

1. 덜 익은 청귤의 껍질을 벗긴다.

2. 1의 청피를 식초에 담갔다가 축여지면 건져 햇볕에 말린다.

3. 도기에 2를 넣고 분량의 물을 합하여 진피 청피탕 끓이는 방법으로 달인다.

4. 가루로 먹을 경우에는 2를 곱게 빻아 체에 내리고 남은 거친 가루는
   다시 찧어 체에 내리는 과정을 반복하여 고운 가루로 만든다.

무 蘿蔔

大下氣草木中惟蘿蔔下氣最速爲其辛也生薑雖辛止能散而己蘿蔔辛而
又甘故能散緩而下氣速也蘿蔔子尤下氣炒煎服末服並佳

『동의보감』「본초」

크게 기를 내린다. 초목 중 오직 나복(무)이 기를 가장 빨리 내리는데 그 맛이 맵기 때문이다.

생강이 비록 맵다고 하지만 능히 흩기만 하는데 나복은 매우면서도 담백함으로 능히 천천히 기를 흩기가 빠르다.

나복자(무씨)는 기를 더 잘 내린다. 나복자를 볶아서 달여 먹거나 가루를 내어 먹는 것 다 좋다.

십자화과 식물인 무는 지중해 연안이 원산지이며, 우리나라에는 중국을 통해 전래되어 삼국시대부터 재배되기 시작하였다. 고려시대에는 매우 중요한 채소로 여겨졌다. 지금은 우리나라 전국에서 재배된다. 지방에서는 무를 '무시' 또는 '무수'라고도 부른다. 봄과 가을에 씨를 뿌리는데 봄 무는 씨를 받기 위한 것이고 가을 무가 널리 쓰인다.

무의 맛은 달짝지근하면서 매운맛을 가지고 있으며 성질은 차다. 위, 폐에 작용한다. 『본초강목』에는 무의 다양한 효능이 기록되어 있는데, 무의 매운맛이 기를 내리며 밀 독을 다스려 밀가루 음식을 먹고 탈이 나면 효과를 본다고 했다. 무 생즙은 소화를 촉진시키고 해독 작용을 하며 오장을 다스려 몸을 가볍게 한다. 또 담을 제거하고 기침을 그치게 하며 각혈을 다스리고 속을 따뜻하게 하며 빈혈에 효과가 있다고 했다. 조선시대의 농업기술서 『농정회요(農政會要)』에는 무를 먹는 동안 하수오, 지황을 먹으면 머리가 희어진다고 했다.

재
료
및
분
량

동치미용 무 3개(3kg), 배추 겉잎 20장
무 1/2개(무채용), 배 1개, 미나리 10뿌리
밤 6개, 대추 5개, 석이버섯 3개
대파 5뿌리, 마늘 10알, 생강 1/2쪽
실고추, 소금과 꿀 약간

소금물
소금 1컵, 물 10컵

김칫국물
배 1개, 소금 1/3컵
물 15컵

1. 동치미용 무는 껍질째 깨끗이 씻어 3~4cm 두께로 토막 낸다.
   토막 위에 가로세로 1cm 간격으로 칼집을 낸다.

2. 소금물에 칼집 낸 무를 담가 6~8시간 절인다.
   배춧잎도 무와 함께 절인다. 절여지면 물에 헹궈 물기를 뺀다.

3. 무채용 무와 배는 3cm 길이로 곱게 채 썬다.
   미나리는 다듬어 3cm 길이로 썬다.

4. 밤은 껍데기를 벗겨 곱게 채 썰고, 대추도 씨를 빼고 채 썬다.
   석이버섯, 파, 마늘, 생강도 곱게 채 썬다.

5. 넓은 볼에 무채와 실고추를 넣고 비벼서 분홍물이 들면
   준비한 모든 양념을 넣고 소금과 꿀로 간을 하여 소를 만든다.

6. 2의 무 칼집 사이사이에 5의 양념한 소를 넣는다.

7. 배는 강판에 갈아 즙을 내어 소금, 물과 합하여 김칫국물을 만든다.

8. 6을 배춧잎으로 감싸 항아리에 차곡차곡 담는다.
   7을 붓고 무거운 돌로 눌러 2~3일 동안 숙성시킨다.
   익은 김치는 한 입 크기로 토막 내어 먹는다.

＊
석류 속 모양을 연상케 하여 무 석류김치라는 이름이 붙었다.
무 석류김치는 맛이 담백하고 순해서 노인과 환자에게 좋다.

무
씨
탕

재료 및 분량
무씨 20g, 물 5컵

만드는 방법
1 무씨를 채취하여 깨끗이 씻은 후 채반에 담아 말린다.
2 1를 절구에 넣고 찧어 거칠게 부순다.
3 2에 분량의 물을 넣고 끓인다. 끓어오르면 뭉근한 불에서 반으로 줄어들 때까지 끓인다.
4 3을 식후에 복용한다.

동치미

*
우리나라는 전통적으로 무를 활용한 조리법이 많다.
무에는 디아스타아제라는 소화효소가 있어서 면과 함께 먹으면 면 독으로 인한
소화불량을 예방한다.

재료 및 분량

무 5개, 소금 2/3컵, 마늘 20알, 생강 1쪽
삭힌 풋고추 10개, 쪽파 10뿌리

동치미 국물

배 2개, 소금 2/3컵, 물 30컵

*

고추 삭히기 | 끓인 소금물에 고추를 담가 일주일 정도 숙성시킨 후 사용한다.

만드는 방법

1. 무는 작고 단단한 것을 골라 잔뿌리를 떼고 소금에 굴려 항아리에 담는다.

   남은 소금은 위에 뿌려 12시간 정도 절인다.

   6시간 정도 지난 후 아래쪽 무와 위쪽 무의 위치를 바꿔준다.

   절여진 무는 씻어서 물기를 뺀다.

2. 쪽파는 두 번 접어 매듭을 묶는다. 생강과 마늘은 저며 썬다.

3. 베주머니에 생강, 마늘을 넣고 실로 입구를 봉한다.

4. 항아리 맨 아래에 베주머니를 놓고 무를 깐다.

   무 사이사이에 삭힌 고추를 끼운다.

5. 배는 강판에 갈아 즙을 내고 소금, 물을 합하여 동치미 국물을 만든다.

6. 무를 담은 항아리에 5의 동치미 국물을 붓고 뚜껑을 덮어 숙성시킨다.

무씨가루

재료 및 분량

무씨 20g

만드는 방법

1. 무씨를 채취하여 깨끗이 씻은 후 채반에 담아 햇볕에 말린다.

2. 1을 절구에 넣고 찧어 가루로 만든다. 체에 내려 고운 가루를 취하고
   거친 가루는 다시 찧고 체에 내리기를 반복하여 고운 가루로 만든다.

3. 2를 한 번에 1큰술(10~20g)씩 하루 2~3회 물 또는 꿀물과 함께 먹는다.

*

좋은 무씨 가루는 손으로 만졌을 때 기름기가 많이 느껴지거나 먹었을 때 매운맛이 강하게 나는 것이다.

총백 葱白

通陽氣以通上下之陽去靑取白連根煎服

『동의보감』「본초」

양기를 통달하여 위아래의 양기를 모두 통하게 한다.

푸른 것은 버리고 뿌리가 있는 채로 흰 부분을 취해서 달여서 먹는다.

과거에는 파를 '총(葱)'이라고 했는데, 굴뚝을 뜻하는 '창(囪)'에서 유래했다. 파 모양이 굴뚝 모양과 닮았다 하여 나온 말이다. 대파의 흰 뿌리 부분을 '총백'이라고 했다. 파를 자르면 끈끈한 액이 나오고 매운 냄새가 나는데 이것이 총염(葱苒)이다. 주로 여름과 가을에 수확하며 전국 각지에서 재배되는데, 겨울에 먹는 파가 가장 좋다.

파의 맛은 맵고 성질은 서늘하다. 독이 없고, 위와 폐에 효능이 있다. 『동의보감』에는 "눈을 밝게 하고 나쁜 기운을 없애주며, 오장을 잘 통하게 하고 온갖 약독을 풀며, 대소변이 잘 나오게 한다"라고 하였다. 또 감기로 인한 열과 두통에도 효과가 있다고 하였다. 백색 부분은 찬 성질이며 푸른 잎은 뜨거운 성질이므로 감기로 열이 날 때는 푸른 잎을 쓰지 않는다. 파의 부위별 효능은 다른데, 파 잎은 피부가 헐어서 상처가 난 곳에 사용하고 파뿌리는 감기로 인한 두통을 완화한다. 파 씨는 눈을 밝게 하고 속을 따뜻하게 하며 정액 생성을 돕는다. 파는 약으로 쓸 때는 주로 탕으로 만들고 술을 담가서 먹기도 하며, 복용 중에는 맥문동, 대추, 백하수오를 먹지 않는다.

총백탕

총백 12g, 물 1½컵

1. 도기에 총백과 분량의 물을 합하여 넣고 끓인다.

2. 처음에는 센 불에서 끓이다가 끓으면 불을 줄여 물 분량이 절반이 되도록 달인다.

3. 하루 동안 나눠 마신다.

✳

『동의보감』에는 기가 위로 치밀어 가슴이 답답할 때 대파의 흰 뿌리로 우린 총백탕을 먹으면
치료된다고 하였다. 총백은 간의 사기(邪氣)를 없애주고 오장을 잘 통하게 하는 약 채소로,
감기로 열이 나고 두통이 올 때 총백탕을 마시면 증상이 호전된다.

총백장아찌

재료 및 분량

총백 1kg

장아찌 양념
진간장 1/2컵, 국간장 1/4컵, 물 1컵
식초 1/2컵, 꿀 6큰술

1. 총백을 깨끗하게 씻은 후 물기를 닦는다.

2. 1을 항아리에 차곡차곡 담는다.

3. 장아찌 양념 재료를 끓인다.

   끓어오르면 바로 불을 끈다. 한 김 식힌다.

4. 3의 장아찌 국물을 2의 항아리에 붓는다.

5. 2~3일 숙성시킨 후 장아찌 국물을 걸러 끓여준다.

   식힌 후 다시 붓는다. 총 3회 반복한다. 냉장고에 보관한다.

*

장아찌라는 용어는 '장(醬)'을 뜻하는 '장아'와 절인 채소인 '저(菹)'를 뜻하는
'디히'가 합쳐진 '장앳디히'에서 유래했다.
민간에서는 장아찌라고 불렸지만, 조선 왕실은 장아찌를 '장저(醬菹)' 또는 '장과(醬果)'라 칭했다.
장과의 재료는 산삼, 더덕, 가지, 무 등 다양했다.

紫蘇葉

차조기잎

下氣與橘皮相宜氣方中多用之又散表氣濃煎服

『동의보감』「본초」

귤껍질과 더불어 서로 기를 내린다. 마땅히 기병(氣病)을 치료하는 처방 중에 많이 쓴다.
또 표면에 있는 기를 흩어지게 한다. 진하게 달여 먹는다.

차조기는 꿀풀과의 한해살이풀로 여름에는 잎과 줄기를, 가을에는 열매와 뿌리를 채취한다. 산속 풀밭이나 들에서 나며, 들깨와 비슷하지만 줄기와 잎이 자줏빛을 띠고 독특한 향이 있다. 소엽, 자소엽, 자소경 등으로 불리기도 했다. 중국 명의 화타가 수달이 보랏빛 풀을 먹고 과식으로 인한 복통이 사라지는 것을 보고, 생선을 먹고 복통을 일으킨 젊은이에게 차조기를 삶아 먹여 병을 고쳤다는 일화가 있다.

차조기의 맛은 맵고 성질은 따뜻하다. 비장과 심장, 폐에 효능이 있다. 『동의보감』에는 잎의 뒷면이 자줏빛이고 주름이 있으며 냄새가 매우 향기로운 것을 약으로 쓴다고 하였으며, 자줏빛이 나지 않고 향기롭지 못한 것은 들차조기이므로 약으로 쓰지 않는다고 하였다.

차조기는 기운이 나게 하고 곽란과 각기 등을 치료하며 독감이나 오한, 천식에 사용한다. 마음을 진정시키고 폐와 장기를 윤택하게 하며 생선의 독을 없애는 효능이 있다.

가을이 시작되는 백로 전후에 차조기 잎을 채취하여 그늘에서 말린다. 불이 바로 닿지 않도록 하여 불에 쬐는데 뒤적거리지 말아야 한다. 향기가 나거든 오래 끓인 물을 병에 붓고 잎을 넣은 다음 병 주둥이를 꼭 막는다. 먹을 때에는 뜨겁게 하여 마신다. 차조기를 먹을 때는 잉어를 먹지 않는다.

출처 한국콘텐츠진흥원 컬처링

차조기잎
장아찌

차조기 잎 100g

장아찌 양념

진간장 1/2컵, 매실 발효액 1/2컵

물 1/2컵, 식초 1/4컵

1. 차조기 잎은 깨끗하게 씻어 건져 물기를 뺀다.
2. 1을 밀폐 용기에 차곡차곡 담는다.
3. 장아찌 양념은 냄비에 넣고 끓인다.

   끓어오를 때 생기는 거품은 제거하고 바로 불을 끈다.
4. 2에 뜨거운 3을 붓는다.
5. 4가 식으면 뚜껑을 닫고 냉장 보관한다.

튀김
차조기잎

재료 및 분량

차조기 잎 10장
박력분 2큰술

튀김옷 반죽
박력분 1/2컵
계란노른자 1개, 물 1컵

튀김장
간장 1큰술, 식초 1큰술
물 1큰술, 꿀 1작은술
잣가루 약간

1. 차조기 잎은 깨끗하게 씻은 후 찬물에 담가둔다.

    튀기기 직전에 물기를 제거하고 박력분을 골고루 묻힌다.

2. 튀김옷으로 쓸 박력분은 체에 내린다.

3. 물에 계란노른자 1개 분을 넣고 거품이 일도록 충분히 풀어준다.

4. 3에 2를 넣고 나무젓가락으로 가볍게 섞는다.

5. 튀김 팬에 식용유를 붓고 160℃ 온도로 가열한다.

6. 1을 4의 튀김 반죽에 담갔다가 기름에 넣고 바싹하게 튀겨낸다.

7. 튀김장 양념을 골고루 섞어 종지에 담아

    차조기잎 튀김과 함께 낸다.

＊

'차조기 보숭이'라는 튀김 음식도 있다. 여물지 아니한 차조기 열매 송이에
찹쌀풀을 묻혀 말려서 기름에 튀겨 만든 반찬이다. '소수자(蘇穗煮)'라고도 한다.

차
조
기
잎
탕

재
료
및
분
량

말린 차조기 잎 5g

물 5컵

만
드
는
방
법

1. 꽃이 피기 전 차조기 잎을 따서 깨끗하게 씻는다.
   물기를 제거하고 반나절은 햇볕에 말린다.

2. 1을 그늘에서 충분히 말린다.

3. 질그릇에 말린 차조기 잎을 넣고 분량의 물을 합하여 끓이는데
   뭉근한 불에서 끓인다.

4. 3의 양이 반으로 줄어들면 하루에 3회 나누어 마신다.

*
우리 선조들은 차조기씨로도 죽과 탕을 만들어 먹었다.
차조기씨를 물에 담근 후 가라앉은 것만 말려서 볶고 참깨를 찧어서 합한 다음
여기에 멥쌀가루를 넣어서 쑨 것이 차조기죽이고, 볶은 차조기씨 가루에
뜨거운 물을 타서 마셨는데 이를 차조기탕이라고 했다.

牛肉

소고기

補虛益氣滋養氣血肚尤良爛蒸食之

『동의보감』「본초」

허를 보하고 기를 더한다.

기와 혈을 자양한다. 소의 위가 가장 좋은데 무르게 푹 쪄서 먹는다.

소는 가축으로 기르기 시작한 초기에는 식용이라기보다 농사의 수단이거나 제사의 희생양이었다. 삼국시대와 고려시대는 불교사회였기에 살생을 금하여 식육이 일반화되지 않았다. 조선시대에 유교를 받아들이면서 소고기를 먹게 되었지만 소는 농경의 필수 도구였기에 국가적으로 도살을 금했다. 하지만 소고기 수요는 많아서 밀도살이 성행하였다.

소고기의 맛은 달며 독이 없고 성질은 평하다. 비장과 위에 효능이 있으며, 기혈을 보한다. 토하거나 설사하는 것을 멈추게 하며 소갈증과 체내에 물이 고이는 것을 낫게 한다. 또한 힘줄과 뼈, 허리와 다리를 튼튼하게 한다. 『동의보감』에는 "소의 밥통을 우두(牛肚)라고 하는데, 민간에서는 양이라고도 한다. 양은 오장을 보하고 비위를 도와주며 소갈을 멎게 한다"라고 하였다. 소의 위는 무르게 푹 쪄서 먹는다. 소고기를 가루로 만들어 대추 살을 쪄서 찧어 백복령, 산약, 연육, 회향과 고루 섞어 환을 만들어 먹으면 위 기능이 회복된다고 하였다. 『식료찬요』에는 "몸이 붓고 소변이 시원하게 배설되지 않을 경우 쇠고기를 쪄서 생강, 식초와 함께 먹는다"라고 하였다.

소는 축(丑)이라고 하여 토(土)에 속하는데 소의 위 역시 토에 속한다. 토 속에 또 하나의 토가 들어 있는 것이 소의 위인 셈이다. 소고기와 소의 위는 사람의 기혈을 자양한다. 소의 양은 첫 번째 위이며, 소의 벌집은 두 번째 위이며, 소의 처녑은 세 번째 위이며, 소의 홍창 또는 막창은 네 번째 위이다.

그림 · 박정민

317

육포

재료 및 분량

소 홍두깨살 1kg

적포도주 1컵

육포 양념

진간장 1/2컵, 청주 1/3컵, 마늘즙 1큰술

배즙 1큰술, 양파즙 1큰술, 꿀 1/2컵, 참기름 2작은술

후춧가루 약간

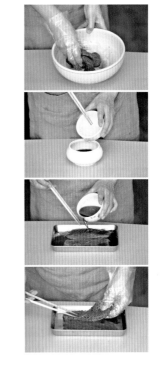

만드는 방법

1. 홍두깨살을 0.5cm 두께로 얇게 썬다.

   소기름과 힘줄은 제거한다.

2. 1을 적포도주에 30분간 재워둔다.

   고기를 소쿠리에 건져 여분의 포도주를 제거한다.

3. 넓은 그릇에 육포 양념을 골고루 섞는다.

4. 3에 2를 넣고 고기를 한 장씩 주물러준다.

   고기가 부드러워지고 양념이 스며들면 냉장고에 넣어 숙성시킨다.

5. 4에서 양념이 베어 나와 그릇에 고이면 다시 고기를 주물러 양념을 흡수시킨다.

   이 과정을 3회 반복한다.

6. 건조기에 5를 한 장씩 펼쳐놓고 70℃의 온도에서 건조시킨다.

＊

식치(食治)를 위한 육포는 황소[黃牛]의 우둔살이나 홍두깨살을 재료로 하는 것이 원칙이다.

황소는 토(土)에 속하기 때문이다.

육전

소 홍두깨살 200g
밀가루 1/3컵, 계란 3개

다시마 소금물
다시마 우린 물 1½
소금 1작은술

초간장
간장 1큰술, 식초 1큰술
물 1큰술, 꿀 1작은술, 잣가루 2작은술

1. 홍두깨살은 다시마 소금물에 30분 정도 담가 핏물을 뺀 후 건져 물기를 닦는다.
2. 1의 홍두깨살을 5cm×5cm×0.3cm 크기로 썰고 칼등으로 자근자근 두들긴다.
   칼끝으로 군데군데 칼집을 주면 지질 때 오르라들지 않는다.
3. 계란은 골고루 풀어준다.
4. 2를 밀가루, 계란 순으로 묻힌다.
5. 팬에 식용유를 두르고 4를 노릇노릇하게 지진다.
6. 지져낸 육전을 접시에 담아 초간장을 곁들인다.

소양수육

소의 양 1kg, 천일염 1/2컵

밀가루 1/2컵, 쌀뜨물 30컵, 청주 1컵

대파 1뿌리, 마늘 5알

양념장

간장 3큰술, 고춧가루 1큰술, 식초 1큰술

1. 소의 양은 천일염으로 거칠게 문질러 씻은 후 밀가루를 넣고
   다시 문질러 씻은 후 깨끗하게 헹군다. 또다시 끓는 물을 끼얹은 후
   숟가락이나 주전자 뚜껑으로 검은 막을 제거한다.
2. 양을 청주 1컵을 넣은 쌀뜨물(10컵)에 30분 정도 담가둔다. 소쿠리에 건진다.
3. 솥에 쌀뜨물(20컵), 대파, 마늘, 양을 넣고 끓인다.
   끓어오르면 불을 줄여 뭉근하게 2시간 정도 더 끓인다.
4. 양이 부드럽게 물러지면 건져 채반에 밭친다.
5. 양을 한 입 크기로 썰어 양념장을 곁들여 먹는다

4부

마음을 다스리고　편안하게 하는　음식

마음과 질병

『동의보감』에서는 정(精), 기(氣), 신(神)을 생명의 3요소로 중요하게 다뤘지만 질병을 예방하거나 치료하기 위해서는 가장 먼저 마음을 돌보라고 강조했다. 보이는 병에 집중하고 마음을 다스리지 않는 것은 원인을 찾지 않고 겉만 치료하는 어리석은 일이라고 하였다. 몸과 정신을 하나로 다루는 통합적인 접근은 『동의보감』의 핵심적인 사상이다.

"무릇 칠정(七情, 화, 기쁨, 근심, 생각, 슬픔, 놀람, 두려움)과 육욕(六慾)은 마음에서 생기는 것이다.… 대개 마음은 물이 오랫동안 흔들리지 않고 맑은 상태로 그 밑바닥을 볼 수 있는 것과 같다. 이것을 영명(靈明)이라고 하니 마음을 차분히 다스리면 원기를 든든히 할 수 있고 그러면 병이 생기지 않으므로 오래 살 수 있다."

『동의보감』 양생법은 그 기본을 마음 수양과 섭생에 두고 치료는 그 다음 문제로 본다. 4부에 소개하는 음식은 『동의보감』 양생법에 따른, 마음을 치유하고 정신을 맑게 하는 효과적인 음식이다.

인삼 人參

安精神定魂魄止驚悸開心盆智令人不忘人参末一兩猪肪十分酒拌和服百日則日
誦千言肌膚悅澤

『동의보감』「본초」

정신을 편안하게 하고 혼백을 진정시키며 잘 놀래는 증세를 멈추게 한다.
마음을 열어 지혜를 더해준다. 사람의 건망증을 없앤다.
인삼 가루 1냥을 돼지기름 10푼과 술에 넣어 잘 섞어 먹는다.
이것을 천 일 동안 먹으면 하루에 천 개의 언어를 외우게 되며 살결이 윤택해진다.

『동의보감』에는 인삼에 대해 "오장의 기가 부족한 것을 보한다. 몹시 여위고 기운이 약해진 것을 치료한다"라고 기록되어 있다. 한방에서는 인삼을 강장, 강심, 건위, 진정 작용을 하는 약재로 널리 쓰는데, 항피로, 항노화, 면역 증강, 발육 촉진, 심장 수축, 성선 촉진, 고혈당 억제, 단백질 합성 촉진, 몸의 항상성 유지, 항암, 해독작용 등 수많은 효능이 있다.

인삼정과

*
인삼정과를 만들 때 꿀에 재어놓는 당침법을 쓰면 오래 보관하며 먹을 수 있다.
완성된 정과를 건조시켜 먹어도 쫄깃하고 맛있다.
정과를 만들고 남은 당물은 버리지 말고 다른 요리에 사용하면 인삼의 유효 성분도 얻으면서 인삼 맛을 느낄 수 있다.

재료 및 분량

수삼 1kg, 꿀 5컵

만드는 방법

1. 수삼은 잔뿌리를 살려 깨끗이 씻는다.

2. 솥에 수삼을 넣고 잠길 정도로 물을 부어 데쳐낸다.

3. 솥에 2가 잠길 만큼 물을 붓고 끓인다.

   끓어오르면 뭉근하게 졸인다.

4. 3의 수삼이 부드러워지면 꿀을 넣고 조린다.

   갈색이 나면 불을 끄고 식힌다.

   당물에 수삼을 담가둔 채로 식힌다.

5. 다시 불에 올려 약불에서 조린다.

   수삼이 붉은 갈색을 띨 때까지 졸여지면 체에 건져 여분의 당물을 제거한다.

인삼가루

재료 및 분량

수삼 750g(1채), 돼지기름 1작은술, 청주 1/4컵

만드는 방법

1 수삼은 생으로 채취하여 노두(머리 부분)를 제거하고 깨끗이 씻는다.

2 1을 편으로 썰어 채반에 담아 충분히 건조시킨다.

3 2를 절구에 담아 찧어 가루로 만든다.

4 청주에 수삼 가루 2큰술(40g)과 돼지기름 1작은술(4g)을 함께 타서 먹는다.

인삼 주스

*
따뜻한 성질을 가진 수삼은 몸이 뜨거운 사람에게는 맞지 않다.
반면 우유는 서늘한 성질이므로 수삼을 우유와 함께 주스로 만들어 먹으면
조화가 이루어져 몸이 편안해진다.

재
료
및
분
량

수삼 1뿌리, 우유 1½컵, 꿀 1큰술

만
드
는
방
법

1. 수삼은 노두를 제거하고 깨끗하게 씻어 껍질을 벗기고 편으로 썬다.

2. 믹서에 1과 우유를 넣고 입자가 없도록 곱게 갈아준 다음 체에 내린다.

    갈리지 않은 거친 입자는 다시 간다.

3. 2에 꿀을 넣고 고루 섞는다.

두
부
인
삼
주
스

재료 및 분량

수삼 1/2뿌리, 순두부 100g, 우유 2컵, 꿀 3큰술

만드는 방법

1 수삼은 노두와 껍질을 벗기고 얇게 편으로 썬다.

2 믹서에 1과 순두부, 우유를 넣고 갈아낸다.

3 2에 꿀을 넣고 섞는다.

수삼생채

재
료
및
분
량

수삼 3뿌리, 밤 3개, 배 1/2개
대추 3개

양념

배 1/4개, 통잣 1/3컵
꿀 1작은술, 유자청 1작은술
소금 약간

만
드
는
방
법

1. 수삼은 노두를 제거하고 깨끗이 씻어 곱게 채로 썬다.
    얼음물에 살짝 담가두었다가 체에 건져 물기를 뺀다.
2. 밤과 배는 곱게 채 썬다. 대추는 돌려 깎아 씨를 빼고 곱게 채 썬다.
3. 양념 재료는 믹서에 넣고 간다.
4. 채 썬 수삼, 대추, 배, 밤을 냉장고에 잠깐 둔다.
5. 3의 소스에 4를 넣고 버무린다.

인삼 샐러드

인삼은 정신을 안정시키고 몸을 편안하게 해주는 식재료로 풍부히 활용할 수 있다.
인삼 샐러드는 푸른 채소의 차가운 성질과 인삼의 따뜻한 성질이 조화롭게 어우러진 음식이다.
수삼 백김치, 수삼 대추죽, 수삼 버섯볶음 등 다양한 인삼 요리를 만들 수 있다.

수삼 2뿌리, 양상추 3잎, 그린 치커리 4잎, 비타민 8잎, 잎상추 5잎

오리엔탈 드레싱 재료
간장 1큰술, 올리브유 3큰술, 발사믹 식초 1큰술, 레몬즙 3큰술, 다진 마늘 1큰술
다진 양파 1½큰술, 꿀 2작은술

1. 수삼은 노두를 제거하고 깨끗이 씻어 껍질을 벗긴다. 얇게 편으로 썬다.
2. 채소 재료들을 깨끗하게 씻어 찬물에 담가둔다. 야채 잎이 싱싱하게 살아나면
   물기가 없도록 털어주고 한 입 크기로 뜯어놓는다.
3. 위의 분량대로 드레싱 재료를 잘 섞는다.
4. 넓은 접시에 1과 2를 고루 섞어 담고 3의 소스를 뿌려준다.

『동의보감』 양생법은 우리가 매일 실천하는 식생활에 숨어 있다.

즉 식품의 성질을 조화로이 어우러지게 만들어 먹을 것,

자신의 천성에 맞는 식이법과 섭생을 잘 알고 실천할 것,

자연에 가장 가까운 음식을 먹을 것 등이다. 이것이 늙지 않고 건강하게 오래 사는 길이다.

天門冬

천문동

安魂定魄治驚悸健忘癲狂取去心爲末每二錢酒飲任下久服佳

『동의보감』「본초」

혼(魂)과 백(魄)을 편안하게 한다.
잘 놀래는 증세, 건망증, 전광증(지랄병)을 다스린다.
천문동의 심을 제거한 후 가루를 내어 매번 2전을 술과 함께 임의대로 먹는다.
오래 먹으면 좋다.

　　　달면서도 쓴맛을 가진 천문동은 신경 장애나 불안증이 있을 때 꾸준히 섭취하면 정신이 맑아지고 몸이 편안해진다. 심신을 안정시키는 효능은 스테로이드와 아스파라긴산과 같은 유효 성분이 풍부하기 때문이다. 신장과 폐에 작용하여 오줌이 잘 나오게 하고 기침과 숨이 찬 증상을 치료하는 약재로도 쓰인다.

소고기 장조림
천문동

천문동은 차가운 성질의 약재이나 찜을 하고 햇볕에 말리는 과정에서 약성이 변화한다.
우둔육은 따뜻한 성질이므로 천문동과 함께 조림을 하면 체질과 상관없이 편안하게 먹을 수 있다.

천문동(쪄서 말린 것) 50g, 우둔육 200g

마늘 5알

조림장

간장 2큰술, 소고기 육수 1½컵, 꿀 1큰술

1. 소고기를 끓는 물에 삶아 잘게 찢고
   국물은 면보에 걸러 육수로 사용한다.
2. 솥에 육수를 넣고 찢은 고기, 천문동, 마늘, 조림장을 넣고 끓인다.
   끓어오르면 불을 줄이고 은근하게 졸인다.
3. 조림이 완성되면 한 접시에 모둠으로 담아낸다.
   국물도 함께 곁들인다.

천문동 정과

천문동 200g, 흰 꿀 2컵

1. 천문동을 물에 담가 불린 후 아주 얇게 저민다.
   끓는 물에 살짝 데친다.
2. 솥에 1과 흰 꿀을 넣고 은근한 불에서 조린다.
3. 천문동이 말갛게 익으면 체에 건져 여분의 꿀을 제거한다.

천문동 가루

재료 및 분량

천문동 500g, 청주

만드는 방법

1 천문동은 깨끗이 씻어 껍질을 벗기고 심을 제거한다.
2 김이 오른 시루에 담아 색이 짙어질 때까지 쪄낸다.
3 2를 채반에 담아 햇볕에 건조시킨다.
4 3을 절구에 담아 찧어 곱게 가루를 낸다.
5 한 번 먹을 때 청주와 함께 1½작은술(8g)을 먹는다.

石菖蒲

석창포

開心孔治多忘長智取菖蒲遠志 爲細末每服一錢酒飲任下日三令人耳目聰明從外見裏及千里外事

『동의보감』「천금(千金)」

심공(心孔, 명치)을 열어준다. 길게 자주 잊어버리는 것을 다스리며 지혜롭게 한다.

석창포와 원지*를 취해서 곱게 가루를 내어 매번 1전씩 술과 함께 하루에 3회 먹는다.

사람의 귀와 눈을 총명하게 하여 밖으로부터 안을 들여다볼 수 있으며 천리 밖의 일도 볼 수 있다.

* 원지(遠志) 중국에서 많이 생산되는 약초 식물

治癲癇取石菖蒲末二錢猪心煎湯調服空心

『동의보감』「정전(正傳)」

전간(지랄병)을 치료한다. 석창포를 취해서 가루 내어 8g을 돼지심장 달인 물에 타서 공복에 먹는다.

　　　석창포는 독특한 향을 내는 방향성 식물로 주로 계곡의 바위에 붙어서 살며 긴 잎이 벼과식물과 비슷하다. 가을에 채취하여 줄기와 잎, 수염뿌리 등을 제거하고 깨끗이 씻어 10cm 전후로 잘라서 햇볕에 건조해 약재로 사용한다. 5월과 12월에 뿌리를 캐는데 1치 크기에 마디가 9개인 것이 약재로 좋다.

　　　석창포의 맛은 맵고 쓰며 성질은 따뜻하고 무독하다. 간, 심장, 위에 효능이 있다. 정신을 맑게 하고 마음을 안정시키며 건망증, 불면증, 이명증을 완화한다. 소화액 분비를 촉진하고 진통 효과가 있으며 건망증, 귀 먹은 데, 목 쉰 데에도 쓴다. 항균 효과가 있어 부스럼, 습진 등에도 사용한다. 석창포를 달인 탕약이 암세포를 제거한다는 연구 결과도 있다.

총명탕

재료 및 분량

석창포 300g, 쌀뜨물, 청주, 원지 300g

만드는 방법

1 석창포와 원지를 쌀뜨물에 하룻밤 담가둔다.

2 1을 건져 햇볕에 바싹 말려 곱게 빻는다.

3 석창포 가루와 원지 가루를 1작은술(4g)씩 술과 함께 하루에 3회 먹는다.
   이것을 총명탕이라고 한다.

＊

석창포·원지·복신은 기억력 감퇴와 건망증을 치료하는 총명탕 재료로 쓰인다.
석창포 가루에 찹쌀죽과 꿀을 넣고 오동나무씨 크기의 환을 지어 술과 함께 먹는데,
아침에 30환을 복용하고 저녁에 20환을 복용하면 몸이 가뿐해지고 늙지 않는다.
엿, 양고기, 해조류와 함께 먹는 것은 금한다.

석창포 가루

재료 및 분량

석창포 300g, 쌀뜨물, 돼지심장 1개, 물 4컵

만드는 방법

1 석창포를 쌀뜨물에 하룻밤 담가둔다.

2 1을 건져 햇볕에 바싹 말려 곱게 빻는다.

3 돼지심장은 반으로 갈라 흘러나오는 핏물을 제거하고 깨끗하게 씻는다.

4 3에 분량의 물을 넣고 끓인다.
   처음에는 센 불에서 끓이다가 끓어오르면 뭉근한 불에서 물이
   반으로 줄어들 때까지 달인다.

5 4의 달인 물 1컵에 2의 가루 1½작은술(8g)을 타서 먹는다.

＊

돼지 간은 성질이 따뜻하다. 각기(脚氣)를 다스리고 습(濕)을 제거하며
간에 효능이 좋다. 간이 허약할 때 돼지 간을 먹는 것을 이류보류(以類補類)라 하는데,
석창포가 가진 간을 다스리는 효능과 돼지 간이 가진 간을 다스리는 효능이 결합되면
약효가 극대화된다.

연실 蓮實

養神多食止怒令人喜久服歡心作粥常餌之佳

石蓮子去黑皮取肉砂盆中乾擦去浮上赤皮留青心爲末入龍腦少許湯點服寧志淸神

『동의보감』「본초」

신을 기른다. 많이 먹으면 노여움이 그친다. 사람을 기쁘게 한다.

오랫동안 먹으면 마음이 즐거워진다. 죽을 만들어 상복하면 좋다.

석연자의 검은 껍질을 제거하고 살을 취하여 사기 양푼에 담아 말려서 문지른 다음

물에 담가 위에 뜨는 붉은 껍질을 제거한다.

푸른 심만 가루로 만들어 용뇌*를 조금 넣고 더운 물에 타서 먹으면 의지가 편안하고 신이 맑아진다.

* 용뇌(龍腦) 열대 지역에 분포하는 나무로 귀중한 약재이기에 '용'이라는 이름이 붙었다.

연실은 사람에게 매우 유용한 식물로 연근, 연잎, 연실 등 많은 부분을 약용으로 활용할 수 있다. 『본초강목』에 따르면, 연실은 심신의 기력을 회복시키고 몸을 가볍게 한다고 했다. 특히 진정 작용이 뛰어나 스트레스나 신경과민, 우울증, 불면증에 효능을 보인다. 마음의 병으로 일상생활이 어려울 때 연실로 밥이나 죽을 쑤어 먹으면 마음이 안정되고 기력을 되찾을 수 있다.

연실 조림

재료 및 분량

연실 200g

다시마물
다시마 1장(5cm), 물 2컵

양념장
간장 1큰술, 꿀 1/2큰술
참기름 1작은술
통깨 1작은술

1. 연실은 깨끗이 씻은 후 끓는 물에 데쳐낸다.

2. 다시마는 젖은 면보로 깨끗이 닦은 후 물을 넣고 끓인다.
   끓어오르면 다시마를 건진다.

3. 냄비에 2를 1컵 넣고 1의 연실과 간장을 넣고 조린다.

4. 3의 조림장이 반으로 줄어들면 꿀을 넣고 약한 불로 조린다.

5. 4의 조림장이 다시 반으로 줄어들면 참기름을 넣고 불을 끈다.

6. 5를 그릇에 담고 통깨를 뿌린다.

✳

연실은 익으면서 으깨어질 수 있으므로 불 조절에 유의한다.

돼지심장

猪心

補心血不足主驚悸健忘癲癇驚邪憂恚取血入藥用或蒸煮食之

『동의보감』「본초」

부족한 심장의 피를 보충한다.

자주 놀라는 증상, 건망증, 전간, 놀람병, 우울과 분노를 주로 다스린다.

피를 취해서 약에 넣어 사용하거나 찌거나 끓여 먹는다.

소, 닭과 함께 돼지는 한반도에서 오랫동안 제물로 널리 쓰였다. 『삼국사기』 「고구려 본기」에는 하늘과 땅에 제사를 지낼 때 쓰는 희생으로 교시(郊豕)에 관한 기록이 여러 번 나오는데, 제천의 희생으로 돼지를 길렀고 매우 신성시되었음을 알 수 있다. 『동의보감』에는 돼지간과 돼지심장 먹는 법이 등장하는데, 돼지간은 생으로 양념하여 식초와 간장을 쳐서 먹고, 돼지심장은 찌거나 삶아 먹으라고 했다. 『동국세시기』에는 산돼지가 납향(臘享)에 제물로 쓰였다는 기록이 있다. 오늘날에도 무당의 큰 굿이나 동제(洞祭, 마을의 공동 제사)에는 돼지를 희생으로 쓰고 있다. 굿에서는 돼지머리만을 제물로 쓰는 경우가 많고 동제에서는 온 돼지를 희생으로 사용한다.

돼지심장의 맛은 달고 짜며 성질은 뜨겁다. 돼지심장은 사람의 심장에 작용하여 정신을 안정시키고 마음을 편안하게 하며, 근육 경련을 막아주고 피를 보충해준다. 심장의 기가 허약하여 잠을 못 자거나 저절로 땀이 나는 증상, 잘 놀라며 가슴이 두근거리는 증상을 치료한다. 돼지심장은 산수유와 함께 먹으면 안 되고 특히 구멍 난 것과 함께 먹지 않는다.

돼지심장찜

재료 및 분량

수육 재료

돼지심장 2개, 대파 1뿌리, 마늘 5알

생강 2쪽, 소주 1/2컵

찜 양념

진간장 4큰술, 배즙 4큰술, 꿀 1큰술

마늘 6알, 대파 1/3뿌리

물 1/2컵, 후춧가루 약간

1. 신선한 돼지심장을 반으로 갈라 깨끗이 씻는다.

2. 냄비에 물을 붓고 끓으면 1을 넣고 초벌로 삶는다.

3. 다시 냄비에 물을 끓여 2와 수육 재료를 넣고 삶는다.

4. 양념용 마늘과 대파를 편으로 썬다.

5. 3의 돼지심장이 부드럽게 삶아지면 건져 식혀 편으로 썬다.

6. 냄비에 5와 찜 양념을 넣고 끓인다. 양념이 끓으면 뭉근한 불로 조절한다.

   양념이 베어들면 그릇에 담는다.

*

돼지는 버릴 것이 없다. 고기, 머리, 간, 콩팥, 심장, 비장, 허파, 밥통, 창자 모두
효능을 달리한다. 이 중 돼지심장은 심장이 약할 때 먹는 대표적인 식품이다.
소위 이류보류(以類補類)이다.

돼지심장탕

재료 및 분량

수육 재료
돼지심장 2개, 물 10컵, 된장 1큰술, 대파 1뿌리
마늘 5알, 생강 2쪽, 소주 1/2컵

채소 재료
콩나물 200g, 배추 시래기 100g

양념장
국간장 3큰술, 다진 마늘 1큰술
새우젓국 1큰술, 후춧가루

기타 재료
대파 1뿌리, 깻잎 10장

만드는 방법

1. 신선한 돼지심장을 반으로 갈라 깨끗이 씻는다.

2. 냄비에 물을 붓고 끓인 다음 1을 넣고 초벌로 삶아낸다.

3. 냄비에 물 10컵을 붓고 2와 수육 재료를 넣고 삶는다.

4. 3의 돼지심장이 부드럽게 삶아지면 건져 식혀 편으로 썰고 다시 넣는다.

5. 4의 육수에 채소 재료를 넣고 끓인다.

    끓으면 뭉근한 불로 조절한다.

6. 5에 양념장을 넣고 어슷하게 썬 대파와 채 썬 깻잎을 넣는다.

∗

돼지심장탕은 심혈(心血)의 부족을 보하기 위한 대표적인 찬품이다.

소의 심장을 재료로 해도 무방하다.

돼지심장 볶음

돼지심장 1개, 식용유 1큰술, 편으로 썬 생강 1작은술, 청주 1큰술

볶음 양념

어슷어슷 썬 대파 1/2뿌리, 편으로 썬 마늘 1큰술, 소금 1/2작은술

마무리 양념

참기름 1작은술, 후춧가루 약간

1. 돼지심장은 깨끗이 씻어 끓는 물에 삶는다.
2. 1이 충분히 물러지면 건져 식힌다.
   돼지심장을 먹기 좋은 크기로 썬다.
3. 팬에 식용유를 두르고 뜨거워지면 편으로 썬 생강을 넣는다.
   2를 넣고 볶는데 이때 청주를 뿌려 누린내를 없앤다.
4. 3이 어느 정도 익었을 때 볶음 양념을 넣고 볶는다.
5. 4에 후춧가루와 참기름을 넣고 한 번 더 뒤적인다.

식탁 위의 동의보감
약이 되는 한식·내경 편

❶ 노화 방지·정력 강화를 위한 음식 레시피

초판 인쇄 2019년 5월 10일
초판 발행 2019년 5월 15일
지은이 김상보, 최정은, 조미순, 이주희, 이미영, 김순희, 이지선
북디자인 조현덕 (폴리오)
사진 조금순, 석필원
펴낸곳 와이즈북
펴낸이 심순영
등록 2003년 11월 7일(제313-2003-383호)
주소 03958, 서울시 망원로19, 501호 (망원동 참존 1차)
전화 02) 3143-4834
팩스 02) 3143-4830
이메일 cllio@hanmail.net

ISBN 979-11-86993-08-8(14590)
ISBN 979-11-86993-07-1(세트)

이 도서의 국립중앙도서관 출판예정도서목록(CIP)은 서지정보유통지원시스템 홈페이지 (http://seoji.nl.go.kr)와 국가자료공동목록시스템(http://www.nl.go.kr/kolisnet)에서 이용하실 수 있습니다.(CIP제어번호: CIP2019008986)